国家科学技术学术著作出版基金资助出版

多孔建筑材料湿物理性质
——建筑热湿环境分析用参数

冯 驰 著

U0296417

科学出版社

北京

内容简介

围护结构的热湿过程对建筑能耗、结构耐久、室内环境和人体健康等都有重要影响。本书主要针对建筑围护结构热湿耦合传递基础理论和多孔建筑材料湿物理性质测试方法进行论述。全书共分为 7 章，分别为多孔建筑材料湿过程基础，多孔建筑材料湿物理性质的应用案例，数据分析基础，试件的尺寸测量、干燥与称重，储湿性质测试实验，传湿性质测试实验和多孔建筑材料热湿物理性质。

本书可供建筑学、土木工程、环境工程、材料科学与工程等专业的科研、管理、工程技术人员参考。

图书在版编目(CIP)数据

多孔建筑材料湿物理性质：建筑热湿环境分析用参数 / 冯驰著. -- 北京：科学出版社, 2025.2. --ISBN 978-7-03-080627-7

Ⅰ. TU111.2

中国国家版本馆 CIP 数据核字第 20245S1M58 号

责任编辑：郑述方 / 责任校对：彭　映
责任印制：罗　科 / 封面设计：墨创文化

科 学 出 版 社 出版

北京东黄城根北街16号
邮政编码：100717
http://www.sciencep.com

成都锦瑞印刷有限责任公司 印刷
科学出版社发行　各地新华书店经销
*

2025 年 2 月第 一 版　　开本：B5（720×1000）
2025 年 2 月第一次印刷　　印张：10 3/4
字数：222 000

定价：148.00 元
（如有印装质量问题，我社负责调换）

序

　　建筑围护结构的热量和水分迁移对室内环境与人体健康有重要影响，也在很大程度上决定了建筑的能耗及结构安全。"双碳"目标和"健康中国"已成为国家战略，建筑业也正在从满足增量需求为主转变为聚焦高质量发展，营造健康舒适、节能低碳的"好房子"成为政府关心、民众关注的重要社会需求。为此，深入系统地研究建筑围护结构的热湿耦合迁移机理和过程特性，不仅具有很高的学术价值，而且具有重要的现实意义。

　　当前，人们对围护结构热湿耦合的迁移机理和过程特性认知还不够深入，可靠的建筑材料与水分传递和储存相关的质物性参数尤其缺乏，导致我国学界和工程界在建筑热湿环境设计、评价和控制方面遇到了诸多困难，甚至会有"巧妇难为无米之炊"之感。

　　近年来，我国许多青年学者积极投身于建筑围护结构热湿耦合迁移方面的研究，在机理认知、模型建立、物性测试和工程应用诸方面取得了系统性进展或突出成果，《多孔建筑材料湿物理性质——建筑热湿环境分析用参数》一书的作者冯驰就是其中的优秀代表。他师从我国建筑热工领域著名专家孟庆林教授，自2011 年在华南理工大学攻读博士学位以来，围绕建筑物理领域中"门槛高、难度大、耗时长、关注少"的关键问题"建筑围护结构热湿耦合迁移机理、过程特性和质物性参数"开展研究，敢于"啃硬骨头"和"坐冷板凳"，在长达十余年的时间里坚持不懈，难能可贵。他主持了国家自然科学基金青年/面上项目、国家重点研发计划子课题等国家级项目或课题，并因科研成果突出入选国家高层次海外青年人才项目。在研究过程中，冯驰教授与清华大学、上海交通大学、中国建筑科学研究院有限公司和比利时荷语鲁汶大学等国内外 20 余所高水平科研单位紧密联系与合作，还发起和组织了"全国建筑热湿环境青年论坛"等系列学术活动，带动了我国一大批青年才俊投身该方向的研究与应用。

　　该书系冯驰教授"十年磨一剑"的科研成果，全面、系统地介绍了建筑围护结构热湿耦合迁移的基本理论和应用案例，重点关注多孔建筑材料的湿物理性质，内容包括：多孔建筑材料湿过程基础，多孔建筑材料湿物理性质的应用案例，数据分析基础，试件的尺寸测量、干燥与称重，储湿性质测试实验，传湿性质测试实验，多孔建筑材料热湿物理性质，该书还形成了包括20 多种典型建筑材料的热湿物性参数基础数据库。该书的出版为丰富我国常用建筑材料物性参数数据库做出了突出贡献，也有助于建筑热湿环境设计、评价和控制方面的科学研究和工程实践。希望冯驰教授和该方向其他青年学者能再接再厉，为我国健康舒适和节能低碳建筑事业做出更大的贡献！

清华大学

2024 年 10 月 23 日

前　　言

　　围护结构的热湿过程对建筑能耗、结构耐久、室内环境和人体健康等都有显著影响。据不完全统计，目前世界范围内已有超过 50 种模型可用于分析建筑围护结构的热湿过程。这些模型虽然形态各异，但在数学上基本可以相互转换，且本质上都是根据能量守恒和质量守恒，建立热量和水分传递的耦合方程，再通过数值方法进行求解。在求解过程中，材料的各种物性参数必不可少，且可分为基本物理性质(如密度、孔隙率等)、热物理性质(如导热系数、比热容等)和湿物理性质(如水蒸气渗透系数、液态水扩散系数等)三类。目前，基本物理性质和热物理性质的测试方法已较为成熟可靠，而湿物理性质的测试和数据积累则相对滞后，在一定程度上制约了热湿耦合传递理论的验证和发展，以及土木建筑工程中热湿耦合过程的分析和优化。

　　鉴于上述问题，作者总结了自己过去十余年的相关研究成果，著成《多孔建筑材料湿物理性质——建筑热湿环境分析用参数》一书。与国外已发布的建筑材料数据库相比，本书包含建筑围护结构热湿耦合传递方面的基础理论和对多孔建筑材料湿物理性质测试方法的详细介绍，有助于读者掌握基本原理和方法，加深对湿物理性质的理解。此外，国内已有的建筑材料数据库中仅有水蒸气渗透系数这一项湿物理性质，而本书则全面包含了饱和含湿量、毛细含湿量、保水曲线、等温吸放湿曲线、水蒸气渗透系数、液态水渗透系数、毛细吸水系数等重要的湿物理性质。本书可为我国建立全面、可靠的湿物理性质数据库提供支撑，为后续民用建筑热工设计规范的修编和建筑围护结构的模拟计算奠定基础，也有助于我国深入开展围护结构热湿耦合与室内热湿环境方面的研究与应用。

　　全书共分为"基本原理与工程应用"和"实验测试与物性数据"两大部分。基本原理为第 1 章，介绍水蒸气和液态水在多孔建筑材料中的储存和传递过程，并定义了相关的物性参数；工程应用为第 2 章，介绍多孔建筑材料湿物理性质在工程应用中的 4 个案例；实验测试包括第 3~6 章，分别介绍误差、测试的基本操作、储湿性质测试实验和传湿性质测试实验；物性数据为第 7 章，汇总作者团队测试以及从文献中整理补充的共计 20 多种典型多孔建筑材料的热湿物理性质。

　　本书相关研究先后在华南理工大学、中国建筑科学研究院有限公司、比利时荷语鲁汶大学以及重庆大学等多个单位开展。在申请国家科学技术学术著作出版基金的过程中，得到了浙江大学董石麟院士、东南大学王建国院士和清华大学庄惟敏院士的大力推荐，在此深表感谢！相关研究还得到了国家自然科学基金面上项目和青年基金项目(编号 52178065、51508542)、欧盟 Horizon 2020 项目(编号 637268)和比利时 FWO 项目(编号 G.0C55.13N)等项目的支持。华南理工大学的孟庆林教授、中国建筑科学研究院有限公司的孙立新研究员、比利时荷语鲁汶大学的 Hans Janssen 教授和重庆大学的唐鸣放教授等众多知名专家对作者完成本书鼎力相助。上海交通大学的张会波教授、天津大学的赵建华教授、华南理工大学的任鹏教授等业内同行也给作者提供了许多宝贵意见。团队老师李小龙、胡鹏博、高姗，研究生黄先奇、杨寒羽、张传群、李蕴洁、雷玥、方巾中、赖求佳等为本书的文字、图表和数据整理付出了大量时间和精力。最后要感谢清华大学的张寅平教授在建筑环境传质方面对作者的长期指导，并为本书欣然作序。

受限于作者的学术水平，书中难免有疏漏，恳请读者批评指正！

冯驰

2024 年 10 月

目　　录

第1章　多孔建筑材料湿过程基础

除玻璃、金属等少数材料外，大部分建筑材料都是多孔的，其内部或多或少会存在一定水分。理解水蒸气和液态水在多孔建筑材料中的储存和传递过程是测试材料湿物理性质的基础，也是进一步分析建筑围护结构热湿过程和室内热湿环境的前提。本章首先阐释水分对建筑的影响，然后基于经典理论，系统介绍水蒸气和液态水在多孔建筑材料中的储存和传递过程，并对常用湿物理性质给出广泛接受的定义，最后对围护结构的热湿耦合传递过程进行简单介绍。

1.1　水分对建筑的影响

水分是自然条件下空气的组成成分之一。人体的健康舒适和建筑的正常使用都要求维持空气一定的相对湿度。《室内空气质量标准》(GB/T 18883—2022)[1]规定：夏季，室内相对湿度应控制在 40%～80%；冬季，室内相对湿度应控制在30%～60%。《民用建筑供暖通风与空气调节设计规范》(GB 50736—2012)[2]规定：对于人员长期逗留且舒适要求较高的区域,供热工况室内相对湿度应不小于 30%,而供冷工况相对湿度应控制在 40%～60%。

过度潮湿或过度干燥都会给建筑带来危害，而过度潮湿更常见，其后果也更严重。水分对建筑的破坏在生活中随处可见，如墙体的发霉、起鼓、泛碱和剥落等(图 1-1)。除肉眼可见的破坏外，还有一些危害不易被察觉。例如，水蒸气在围护结构内部传递时可能会发生冷凝，导致围护结构内部积累大量水分，进而影响围护结构的热工性能及使用寿命。

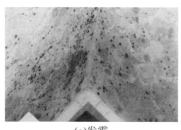

(a)发霉　　　　　　　　　　　　　(b)起鼓

(c)泛碱   (d)剥落

图 1-1 水分对建筑的破坏

ISO 22185 标准[3]就水分对建筑的影响进行了细致的划分。总体而言，水分对建筑的影响主要体现在围护结构和室内环境上。过多的水分不仅会影响围护结构的安全耐久，也会削弱围护结构的热工性能；此外，过高或过低的相对湿度还会影响建筑能耗和室内环境，降低空气品质，危害使用者的身心健康。表 1-1 概括了水分对建筑的影响。

表 1-1 水分对建筑的影响

影响对象	影响途径	后果
围护结构	干湿循环	使结构物体积发生改变；加快有害物质的入侵速率
	冻融循环	使结构物冻胀开裂和剥落，影响结构性能
	腐蚀	侵蚀结构，造成安全隐患
	泛碱	影响美观；降低材料内部 pH；使金属锈蚀
	热工性能	降低围护结构热阻，增大建筑能耗
室内环境	热湿环境	影响人体热舒适性及健康
	空气品质	导致微生物滋生；诱发挥发性有机物的散发
	物品使用	降低物品的使用价值，影响居住体验
	潜热负荷	增大建筑能耗

1.1.1 水分对围护结构的影响

水分对围护结构的影响主要体现在干湿循环、冻融循环、腐蚀、泛碱和热工性能等方面。

干湿循环指建筑材料或围护结构反复干燥、润湿的过程。干缩和湿胀是大多数材料的自然属性，因此建筑材料若长期处于干湿循环的状态下，会交替地膨胀和收缩，从而影响结构的稳定性。竹材和木材的干缩湿胀特性尤为明显[4,5]；膨胀土由于含有大量蒙脱石等亲水性矿物，在干湿变化的环境中也会出现显著的膨胀和收缩[6]；在干湿循环下，混凝土内部变形和湿度的关系也得到了实验验证[7]。除了使材料产生变形外，干湿循环的环境也会加快硫酸盐等有害物质的入侵速率，从而加快材料内部化学反应的速率，使得硫酸盐不断结晶和溶解，进而导致材料产生裂缝，强度逐渐降低[8,9]。已有实验将干湿循环下的硫酸盐侵蚀与单一硫酸盐侵蚀相比较，发现干湿循环下的硫酸盐侵蚀对混凝土的损伤更明显[10]。

冻融循环指材料内部水分处于反复冻结和融化的状态，一般发生在寒冷地区常与水接触的构筑物中。混凝土等建筑材料内部存在大量连通的孔隙，使得水分很容易在毛细压力等因素的作用下进入其中[11]。孔隙中的水分反复冻结和融化会使孔隙不断扩大并进一步贯通，导致构筑物变形、开裂甚至失稳破坏。在冻融循环过程中，如果有盐离子的参与，材料的破坏程度会更加严重[12]。冻融破坏机理可追溯到 Collins[13]提出的分层结冰理论，目前公认的两个经典理论是 Powers 先后提出的静水压理论[14]和渗透压理论[15]。此外，临界饱和度理论[16]、结晶压理论[17]和微冰晶理论[18]等也对冻融破坏机理进行了补充。但由于混凝土等多孔建筑材料的冻融破坏过程非常复杂，至今没有一种理论能完美、透彻地对其加以解释。

腐蚀指携带腐蚀性物质的水分进入围护结构并扩散，对建筑材料产生破坏的过程。腐蚀常作用于混凝土和金属材料，是影响建筑物耐久性的重要因素之一。钢筋混凝土的侵蚀介质主要包括 SO_4^{2-} 和 Cl^-。其中 SO_4^{2-} 扩散到混凝土内部后与 $Ca(OH)_2$ 等物质反应，生成钙矾石、石膏等结晶物，导致混凝土出现膨胀、开裂甚至泥化现象[19]；Cl^-的入侵会破坏钢筋表面的钝化膜，使钢筋表面产生电势差，此时如果钢筋和混凝土界面处的 O_2 和 H_2O 充足，钢筋便会开始锈蚀[20]。干湿循环、冻融循环和腐蚀都会对围护结构产生很大的破坏，且多种因素常常发生耦合作用，使破坏加剧[21-23]。

泛碱是材料中可溶性组分随水分迁移并沉积在建筑表面的现象。泛碱物质的主要成分是 $Ca(OH)_2$ 与 CO_2 反应生成的 $CaCO_3$[24]。墙体泛碱后会将原本的装饰涂料等顶起，发生起皮、粉化和剥落等现象。泛碱分为一次泛碱与二次泛碱。一次泛碱多发生于水泥硬化过程中，由砂浆中的水分向外迁移引起，短期即可消失；二次泛碱多发生在建筑的使用过程中，由外界水分入侵引起，较一次泛碱更严重。

水分对围护结构热工性能的影响主要体现在改变材料的热湿物理性质和围护结构的传热过程。液态水的导热系数(常温下约 $0.059W \cdot m^{-1} \cdot K^{-1}$)远大于空气的导热系数(约 $0.026W \cdot m^{-1} \cdot K^{-1}$)，因此当建筑围护结构中发生内部冷凝或出现渗漏等情况时，多孔建筑材料中水分的存在会使其表观导热系数增大[25]，进而增大围护结构的传热系数[26]。同时，材料的密度、比热容和导温系数等物理性质也将随材料含湿量的变化而发生变化。当材料受潮后，其密度和比热容通常会增大，而导温系数可能增大也可能减小，因此水分可使围护结构的热工性能受到综合性削弱[27]。此外，水分在围护结构中发生相变时，吸收或放出的热量也会对围护结构内部的温度分布产生影响，进而影响其传热过程。

1.1.2　水分对室内环境的影响

水分对室内环境的影响主要体现在热湿环境、空气品质、物品使用和潜热负荷等方面。相对湿度是衡量热湿环境的重要指标。一般认为，30%~60%的室内相对湿度对大多数生产生活是较为合适的，也能让人觉得舒适。但在我国南方的梅雨季节，室内相对湿度可能高达80%甚至90%以上；而在我国北方的冬季，由于封闭采暖，室内的相对湿度往往低于20%。此外，人的生活习惯、室内设备的使用等因素也会引起相对湿度变化，使室内过于潮湿或干燥。

室内热湿环境与人的生活和健康密切相关[28]。在干燥的环境中，人会口干舌燥，有时还会皮肤开裂、鼻腔出血，甚至患上呼吸系统疾病。而过于潮湿的环境会抑制人体汗液蒸发，影响体温调节功能，严重影响机体健康。此外，潮湿的空气会加剧低温和高温环境中人体的冷热感觉。因此在高温潮湿的环境（如夏季的"桑拿天"）中，人更易感到闷热难受；而在寒冷潮湿的环境中，人更易感到寒冷难耐，即通常所说的"湿冷"。

潮湿的环境为微生物的生长提供了有利条件。影响霉菌生长的主要因素有温度、湿度、生长基质和暴露时间等[29]。通常来说，温度大于0℃，相对湿度大于80%，且营养物质和氧气充足，便具备了霉菌滋生的基本条件。在适宜温度范围内，随着室温的升高，霉菌滋生临界湿度值逐步降低[30]。霉菌生长会使被其附着的表面变色，形成各色霉斑[31]。墙体表面材料因霉变而损坏甚至脱落，严重影响墙体及其附近家具的使用寿命和美观。接触、吸入和摄入霉菌都会危害人体健康[32]。此外，高温高湿的环境会促进寄生虫滋生[33]，增加患哮喘和鼻炎的风险[34]。相对湿度还能影响建筑材料和家具中挥发性有机物（volatile organic compound，VOC）的散发[35]，其中甲苯和二甲苯等化合物可导致严重的神经症和心脏病[36]。

除上述破坏外，过多的水分还会给室内环境带来很多不容忽视的细节问题。例如，木质门窗吸湿膨胀后，可能无法顺畅开合，并且在使用过程中会产生噪声；室内家具、衣物和文化用品等受潮后，会影响使用体验；电子设备或电线受潮后不仅影响正常使用，还会带来安全隐患；水在窗户上凝结或结冰后会影响视线；地板受潮后容易使人滑倒等。

为将室内的相对湿度维持在一个合理范围内，可以使用调湿材料进行被动调节[37]。调湿材料的使用效果受当地气候、材料种类、使用工况等多种因素的综合影响，调节能力有一定上限，因此也常常使用各种机械设备进行人工除湿或加湿，但这会增加建筑能耗。有学者采用DeST软件对北京和广州两栋相同的办公楼进行能耗模拟，得到两栋建筑的潜热负荷与显热负荷之比分别为 1∶7 和 1∶3[38]；可见在南方潮湿地区，使用设备调节室内环境的相对湿度时，潜热负荷在总负荷中所占比重是比较大的。

随着生活水平的提高，人们对居住环境的要求也越来越高，愈发追求健康、舒适的环境。如前所述，水分对建筑围护结构和室内环境都有重要影响。因此，充分掌握围护结构的热湿过程及其对室内热湿环境的影响，然后对围护结构的热湿过程加以控制和优化，对于提高建筑使用寿命和改善人们的生活环境具有重要意义。在这一分析和优化过程中，建筑材料的湿物理性质是必不可少的基本参数。

1.2 水分在材料中的储存

1.2.1 含湿量

材料中水分的含量称为含湿量（moisture content）。记材料的干重为 $m_{dry}(kg)$，表观体积为 $V_{bulk}(m^3)$，材料中所含水分的质量为 $m_{water}(kg)$，体积（以液态水计）为 $V_{water}(m^3)$，则含湿量可以表示为

$$u = \frac{m_{water}}{m_{dry}} \tag{1-1}$$

或

$$\theta = \frac{V_{water}}{V_{bulk}} \tag{1-2}$$

或

$$w = \frac{m_{water}}{V_{bulk}} \tag{1-3}$$

式中，u、θ 和 w 分别表示质量比含湿量（moisture content mass by mass 或 gravimetric moisture content）、体积比含湿量（moisture content volume by volume 或 volumetric moisture content）和质量体积比含湿量（moisture content mass by volume），单位分别为 $kg \cdot kg^{-1}$、$m^3 \cdot m^{-3}$ 和 $kg \cdot m^{-3}$。显然，三者可以通过材料的表观密度 $\rho_{bulk}(kg \cdot m^{-3})$ 和液态水的密度 $\rho_l(kg \cdot m^{-3})$ 相互转换：

$$w = u \cdot \rho_{bulk} \tag{1-4}$$

$$w = \theta \cdot \rho_l \tag{1-5}$$

本书主要使用质量体积比含湿量 w。

1.2.2　含湿状态

将干燥的材料放在湿空气中，材料会逐渐吸收水分。首先，材料的开孔将被湿空气填充。以温度为 25℃、相对湿度为 60% 的湿空气为例，其水蒸气含量约为 0.014kg·m^{-3}。假设某材料的孔隙率为 70%，则平衡状态下材料孔隙中水蒸气的含量不到 0.01kg·m^{-3}。然而，许多孔隙率远低于 70% 的材料在此环境条件下的含湿量却可高出 2～4 个数量级，可见水分在建筑材料中的储存并非以孔隙中的水蒸气为主。

在较低的空气湿度下，水分子会附着在材料的孔隙表面，形成一层单分子膜，此即单分子层吸附过程。若空气湿度较高，则会发生多分子层吸附而形成多分子膜。随着环境湿度的进一步提高，水蒸气可能在孔隙中发生毛细凝结。平衡状态下发生毛细凝结的孔隙半径(r，m)与空气相对湿度(φ)的关系可用开尔文公式 (Kelvin equation)[39]表示：

$$r = -\frac{2\sigma M_{water}}{\rho_1 RT \ln\varphi} \tag{1-6}$$

式中，σ 为液态水的表面张力，N·m^{-1}；M_{water} 为水的摩尔质量，0.01802kg·mol^{-1}；R 为理想气体常数，8.314J·mol^{-1}·K^{-1}；T 为热力学温度，K。

由式(1-6)可知，毛细凝结首先发生在较小的孔隙中。随着空气湿度进一步增大，毛细凝结会逐渐扩展至大孔。当材料含湿量足够大时，液态水将形成连续相，并最终占满所有开孔，使材料达到饱和状态。图 1-2 为多孔建筑材料的不同含湿状态。

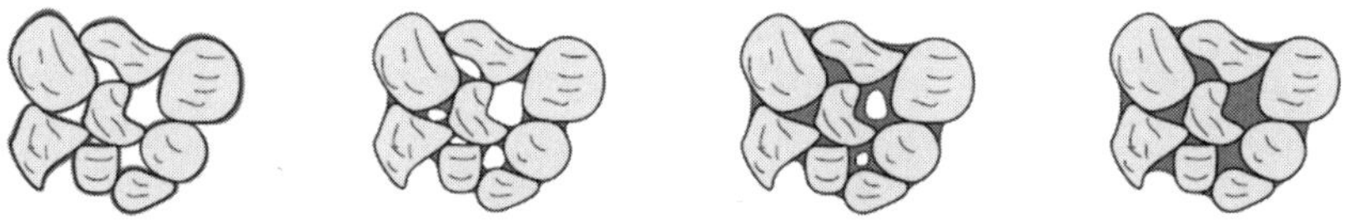

(a)单分子层及多分子层吸附　　(b)毛细凝结　　(c)液态水形成连续相　　(d)饱和状态

图 1-2　多孔建筑材料的不同含湿状态[40]

1.2.3　湿度区间

以相对湿度为横坐标、含湿量为纵坐标，可以绘制材料从干燥到饱和状态的含湿量曲线。大多数多孔建筑材料的含湿量曲线呈 S 形。图 1-3 中，几个临界点将整条曲线分成了三段，分别对应三个湿度区间。

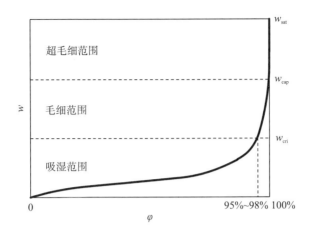

图 1-3　湿度区间划分

1. 吸湿范围

吸湿范围从干燥状态开始，直到临界含湿量 $w_{cri}(kg \cdot m^{-3})$ 结束。在此范围内，水分的储存主要是单分子层吸附和多分子层吸附，同时存在少量的毛细凝结。此时，水分在材料内部的传递主要是以水蒸气的形式进行。

2. 毛细范围

毛细范围从临界含湿量开始，直到毛细含湿量 $w_{cap}(kg \cdot m^{-3})$ 结束。在此范围内，水分的传递以液态水为主。

3. 超毛细范围

超毛细范围从毛细含湿量开始，直到饱和含湿量 $w_{sat}(kg \cdot m^{-3})$ 结束。显然，在此范围内，水分的传递也是以液态水为主。

上述三个区间的划分较为常见和通用，但文献中也有不同的表述方式。例如，毛细范围和超毛细范围可以被合称为超吸湿范围[41]，而超毛细范围有时也被称为超饱和范围[42]。

为理解不同湿度区间的特征，需要掌握各区间的划分临界点。

(1)干燥状态。材料中的水分包括游离水、物理结合水和化学结合水等。一般情况下，当材料中不存在游离水和物理结合水时，可以认为其处于干燥状态。常见的干燥方法包括高温干燥(烘干)、干燥剂干燥、真空干燥和冷冻干燥等，需根据材料的物理和化学特性加以选择。

(2)临界含湿量。从吸湿范围进入毛细范围会经过一个临界点,此时材料孔隙中的液态水形成连续相而可以自由运动,对应的含湿量即称为临界含湿量。临界含湿量有着明确和重要的物理意义:当材料含湿量低于临界含湿量时,孔隙内部的水分传递由水蒸气主导;当含湿量超过临界含湿量后,水分传递由液态水主导。但临界含湿量并不对应一个明确的相对湿度,也难以通过实验手段准确确定,因此吸湿范围和毛细范围的界线较为模糊。对大多数多孔建筑材料而言,可以大致认为95%~98%的相对湿度是吸湿范围和毛细范围的过渡区间。

(3)毛细含湿量。在与液态水直接接触时,多孔材料可以通过毛细作用不断吸水。当材料内部的毛细压力达到0Pa后(对应相对湿度100%),材料无法继续通过毛细作用吸水,其含湿量达到一个特征值,此即毛细含湿量。有学者将材料的这种状态称为毛细饱和,因此毛细含湿量有时也被称为毛细饱和含湿量[43],而超毛细范围也由此被称为超饱和范围。

(4)饱和含湿量。达到毛细含湿量时,材料内部的孔隙并未被液态水彻底填满,部分孔隙中仍含有微量空气。随着这些空气的逐渐排出,材料的含湿量缓慢增加,从而进入超毛细范围,直到所有空气都被排出。此时所有开孔都被液态水占据,达到饱和含湿量。饱和含湿量是材料含湿量的上限,由其孔隙率(ϕ)决定,一般通过真空饱和实验测得,因此文献中也有真空饱和含湿量的表述[43]。

需要特别注意的是,多孔建筑材料能在吸湿范围和毛细范围内达到自然稳定状态。若非长时间浸水,或发生严重冷凝,或有外力作用,一般不会进入超毛细范围。因此在建筑环境中,许多情况下主要研究吸湿范围和毛细范围内的现象。

基于材料在各湿度区间内的表现,可以对材料进行大致分类。将干燥的材料放在湿空气中,若其能吸收大量水蒸气,则称该材料为吸湿的;若材料与液态水接触后能通过毛细作用明显吸水,则称该材料为毛细的。材料的吸湿能力与毛细能力没有必然联系,主要取决于材料的材质和孔隙结构。若材料与液态水的接触角 γ 小于 90°(即材料亲水),则在一定程度范围内,小孔较多的材料吸湿能力较强,而大孔较多的材料毛细能力较强。

1.2.4　毛细滞后

在实际情况中,多孔建筑材料的含湿量与环境湿度的关系比图 1-3 更复杂。这是因为材料的含湿量不仅与环境湿度相关,也与其吸放湿过程相关。换言之,材料对水分的储存能力不是状态函数,而是过程函数。在某一环境湿度下,经历放湿过程的材料的平衡含湿量一般都会高于经历吸湿过程的材料的平衡含湿量,此即毛细滞后现象。

毛细滞后对建筑材料与构造的热湿过程以及建筑热湿环境均有重要影响。但其具体原理和分析方法至今仍有争议。由于其复杂性,许多热湿耦合理论模型中并未涵盖，而绝大多数应用软件中也未对其加以考虑。本书不对毛细滞后做详细分析，仅简单介绍几种常见解释[44]。

（1）墨水瓶效应。在放湿过程中，若所有孔隙都与环境直接相连，则由开尔文公式可知，大孔中的水分会先在较高的环境湿度下散失，而小孔中的水分随后在较低的环境湿度下散失。在实际的多孔建筑材料中，大、小孔隙可能交错排列而非全部与环境直接相连，其内部水分的散失顺序也会随之发生变化，如图 1-4 所示。

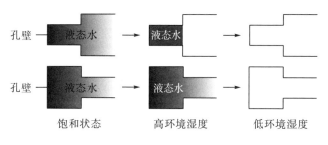

孔壁　液态水　　液态水
孔壁　液态水　　液态水
饱和状态　　高环境湿度　　低环境湿度

图 1-4　墨水瓶效应

（2）接触角效应。在平衡状态下，液态水和材料的孔隙壁面会呈一定的接触角。但在吸湿和放湿过程中，接触角可能会发生改变。如图 1-5 所示，放湿过程中接触角变小，而吸湿过程中接触角增大，分别阻碍干燥和润湿过程。

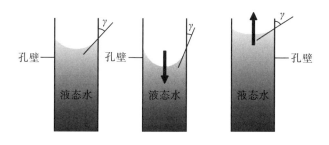

孔壁　液态水　　孔壁　液态水　　液态水　孔壁

图 1-5　接触角效应[44]

（3）密闭空气效应。在非饱和状态下，材料的开孔中会存在一定量的空气。在进一步的吸湿过程中，与环境直接相连的孔隙中的空气可以较为顺利地排出，使含湿量较快地增大。但部分空气被其他含水孔隙包围而密封在材料内部，只能通过溶解和扩散过程缓慢排出，甚至无法排出，从而阻碍含湿量的进一步增大。

（4）其他影响因素。例如，在吸湿和放湿过程中，材料可能会发生湿胀或干缩现象，其孔隙结构也会因此而发生变化，从而改变含湿量与环境湿度的关系。

1.2.5 储湿函数

储湿函数是描述材料平衡含湿量与环境湿度相互关系的函数，一般用连续平滑的曲线表示。对于有明显毛细滞后现象的材料，需要用多条曲线加以描述。原则上，至少有三条重要的储湿函数曲线，分别为起始于干燥状态的吸湿曲线、起始于毛细含湿量的放湿曲线以及起始于饱和含湿量的放湿曲线。

在不同的湿度区间内，常用不同的函数形式对多孔建筑材料的储湿能力进行描述，下面分别加以介绍。

1. 等温吸放湿曲线

如图 1-6 所示，在吸湿范围内，一般以环境空气的相对湿度为横坐标、材料的平衡含湿量为纵坐标，绘制材料的储湿曲线。因为该曲线一般都在等温工况下测得，因此对应于吸湿过程和放湿过程，分别称为等温吸湿曲线和等温放湿曲线，二者合称为等温吸放湿曲线。

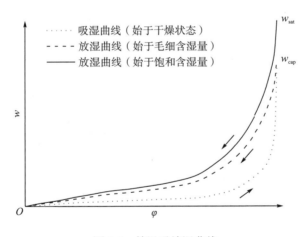

图 1-6　等温吸放湿曲线

描述等温吸放湿曲线的函数有很多种，其中 BET 模型[45]最为经典：

$$w = \frac{k_1 k_2 \varphi}{(1-\varphi)(1-\varphi+k_1\varphi)} \tag{1-7}$$

BET 模型于 1938 年由 Brunauer、Emmett 和 Teller 共同提出，以三人姓氏首字母命名。该模型是大多数动力学吸附模型的基础，其中拟合参数 k_1 和 k_2 均有明确的物理意义。然而后续研究表明，在 BET 模型推导过程中的一些基本假设并不成立，而且该模型仅适用于 50%以下的相对湿度。

在 BET 模型的基础上，有学者提出了 GAB（Guggenheim-Anderson-de Boer）模型[46]，将模型适用范围扩展至了 0～90%的相对湿度，且各拟合参数仍有明确的物理意义。

$$w = \frac{k_1 k_2 k_3 \varphi}{(1 - k_1 \varphi)(1 - k_1 \varphi + k_1 k_2 \varphi)} \tag{1-8}$$

在拟合等温吸放湿曲线时，若对拟合参数的物理意义没有特别需求，则可以采用一些纯经验的数学模型，如 Peleg 模型或 Feng 模型。这些经验模型通常具有很广的适用范围，且拟合精度往往高于 BET 和 GAB 等基于物理过程推导出的模型。

Peleg 模型[47]：

$$w = k_1 \varphi^{k_2} + k_3 \varphi^{k_4} \tag{1-9}$$

Feng 模型[48]：

$$w = \ln \frac{(100\varphi + 1)^{k_1}}{(1 - \varphi)^{k_2}} + k_3 \mathrm{e}^{100\varphi} \tag{1-10}$$

式(1-10)中，等号右侧的第二项通常较小，当要求不高时可以忽略，k_3、k_4 均为拟合参数。

除此之外，下述等温吸放湿曲线的拟合模型也较为常见。

Oswin 模型[49]：

$$w = k_1 \left(\frac{\varphi}{1 - \varphi} \right)^{k_2} \tag{1-11}$$

Henderson 模型[50]：

$$w = \left[\frac{\ln(1 - \varphi)}{k_1} \right]^{k_2} \tag{1-12}$$

Caurie 模型[51]：

$$w = \exp(k_1 + k_2 \varphi) \tag{1-13}$$

Hansen 模型[52]：

$$w = k_1 \left(1 - \frac{\ln \varphi}{k_2} \right)^{k_3} \tag{1-14}$$

2. 保水曲线

在超吸湿范围内，等温吸放湿曲线的斜率往往非常大。此时可以用毛细压力（p_{cap}，Pa）或其对数值替代相对湿度作为横坐标，以更精确地描述材料的平衡含湿量与环境湿度的关系。这种曲线称为保水曲线，如图 1-7 所示。

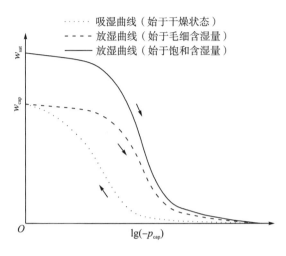

图 1-7　保水曲线

　　与等温吸放湿曲线类似，描述保水曲线的函数也不唯一。其中，van Genuchten 模型[53]可用于建筑材料、土壤等多种多孔介质，且适用湿度区间广，函数拟合精度高，得到了最广泛的应用。

$$w = w_{(p_{cap}=0)} \cdot \sum_{i=1}^{n} k_1^i [1 + (k_2^i \cdot p_{cap})^{k_3^i}]^{\frac{1-k_3^i}{k_3^i}} \tag{1-15}$$

式中，$w_{(p_{cap}=0)}$ 为毛细压力为 0 时的含湿量，对始于饱和含湿量或毛细含湿量的放湿曲线可直接取为 w_{sat} 或 w_{cap}；k_1^i 为第 i 个孔隙系统的拟合权重，满足 $\sum_{i=1}^{n} k_1^i = 1$；k_2^i 和 k_3^i 分别为对应于第 i 个孔隙系统的不同拟合参数。式中毛细压力也可用 $\lg(-p_{cap})$ 代替。

　　在建筑环境常见的温度范围内，饱和含湿量与毛细含湿量基本不受温度的影响，等温吸放湿曲线和保水曲线受温度的影响也较弱，一般可以忽略[54]。在平衡状态下，毛细压力和相对湿度可以根据开尔文-拉普拉斯(Kelvin-Laplace)公式相互换算[55]：

$$p_{cap} = \frac{RT\rho_1}{M_{water}} \cdot \ln \varphi \tag{1-16}$$

　　由开尔文-拉普拉斯公式可知，等温吸放湿曲线和保水曲线可以相互转换，二者主要因精度不同适用于不同的湿度区间。

1.3　水分在材料中的传递

水分在多孔建筑材料内部能以水蒸气和液态水的形式传递，下面分别加以介绍。

1.3.1　水蒸气的传递

在吸湿范围内，水分的传递以水蒸气为主。水蒸气的传递可以有多种原因：例如，当湿空气发生宏观运动时，水蒸气也会随之运动。但在大多数情况下，多孔建筑材料内部不会有明显的气流，因此这种形式的水蒸气传递一般可以忽略。

水蒸气也可以在温度梯度的作用下发生运动，这种现象称为索瑞特(Soret)效应，又称为热扩散。为验证温度梯度驱动的水蒸气传递强度，有学者对典型案例(温差 30K，水蒸气分压力差 1000Pa)进行了估算，发现温度梯度造成的水蒸气传递仅占总量的 3%，可以忽略[56]。此外，一些专门设计的实验也证实了在普通的建筑环境中，温度梯度引起的水蒸气传递是非常有限的[57,58]。虽然也有学者认为部分工况下温度梯度引起的水蒸气传递非常显著并通过实验加以研究[58-60]，但这些实验多有不足之处，且对其实验数据进行重新分析后发现温度效应并不显著[56]。因此，在建筑环境常见的温度范围内，温度梯度造成的水蒸气传递一般可以忽略。

在多孔建筑材料中，水蒸气的传递主要是由压力(或浓度)梯度驱动。当水蒸气分子的平均自由程远大于材料孔径时，水分子会不断撞击孔壁而缓慢扩散，这种现象称为克努森(Knudsen)扩散，又称为逸散。当水蒸气分子的平均自由程远小于材料孔径时，水分子会因相互碰撞而发生扩散，此即典型的自由扩散，也称为菲克(Fick)扩散。常温下，水蒸气分子的平均自由程数量级为 10^{-8}m，而大多数多孔建筑材料的孔径远大于此，此时水蒸气的传递以自由扩散为主，但在少数孔隙较小的材料中可能同时存在较弱的克努森扩散。

记空气的水蒸气分压力为 p_v(Pa)，则透过材料的水蒸气湿流密度(g_v，kg·m^{-2}·s^{-1})可以用下式描述：

$$g_v = -\delta_v \cdot \nabla p_v \tag{1-17}$$

式中，δ_v 为水蒸气渗透系数，kg·m^{-1}·s^{-1}·Pa^{-1} 或 s。

若以水蒸气浓度(c，kg·m^{-3})梯度作为水蒸气传递的驱动势，则式(1-17)可以改写为

$$g_v = -D_v \nabla c \tag{1-18}$$

式中，D_v 为水蒸气扩散系数，$m^2 \cdot s^{-1}$。此即菲克第一定律（Fick first law）。

联立式（1-17）和式（1-18），并结合理想气体状态方程，可得

$$\delta_v = D_v \cdot \frac{M_{\text{water}}}{RT} \tag{1-19}$$

式（1-19）为水蒸气渗透系数和扩散系数的转换关系。需要特别注意的是，在进行传递系数转换时，应留意对应的驱动势。例如，某些学者以材料的含湿量梯度为水蒸气传递的驱动势，并仍称其传递系数为"水蒸气扩散系数"，但其与水蒸气渗透系数的转换关系显然与式（1-19）不同[61]。

上述水蒸气的传递方程还可以改写。例如，水蒸气分压力等于相对湿度乘以饱和蒸气压（$p_{v,\text{sat}}$，Pa），即

$$p_v = \varphi \cdot p_{v,\text{sat}} \tag{1-20}$$

将式（1-20）代入式（1-17），可得

$$g_v = -\delta_v \cdot \left(p_{v,\text{sat}} \nabla \varphi + \varphi \frac{\partial p_{v,\text{sat}}}{\partial T} \nabla T \right) \tag{1-21}$$

由此即得到形式上由相对湿度梯度和温度梯度驱动下的水蒸气传递方程。

部分热湿耦合模型的水蒸气传递采用式（1-21）[62]，看似以相对湿度和温度梯度为驱动势，但其实质与以水蒸气分压力梯度为驱动势的模型并无区别。对于等温工况，由于温度梯度为 0，式（1-21）显然可以化简为式（1-17）。由于水蒸气分压力跟温度直接相关，因此式（1-21）包含温度驱动的水蒸气传递是必然的。但这只是一种数学形式上的温度驱动，并非真正的索瑞特效应，不应简单地理解为温度驱动下的水蒸气传递。

如果通过严格的热力学推导并根据典型的建筑环境进行假设简化，得到的包含索瑞特效应的水蒸气传递方程应为[56]

$$g_v = -\delta_v \cdot \nabla p_v - \delta_T \cdot \nabla T \tag{1-22}$$

式中，δ_T 为温度驱动下的材料水蒸气渗透系数，$kg \cdot m^{-1} \cdot s^{-1} \cdot K^{-1}$。如前所述，在典型建筑环境中，温度梯度造成的水蒸气传递通常可以忽略，故本书不再详细讨论，仍以式（1-17）为主。

当温度在 0℃以上时，水蒸气在静止空气中的渗透系数 $\delta_{v,\text{air}}$（$kg \cdot m^{-1} \cdot s^{-1} \cdot Pa^{-1}$）可以通过希尔默（Schirmer）公式[63]估算

$$\delta_{v,\text{air}}(T, p_{\text{air}}) = 2.306 \times 10^{-5} \cdot \frac{M_{\text{water}}}{RT} \cdot \frac{p_0}{p_{\text{air}}} \cdot \left(\frac{T}{273.15} \right)^{1.81} \tag{1-23}$$

式中，p_0 为标准大气压，101325Pa；p_{air} 为实际空气压力，Pa。

在吸湿范围内，许多建筑材料的含湿量会随环境湿度的升高而明显增大，而水蒸气渗透系数也会相应增大。一般情况下，可以用指数函数进行描述：

$$\delta_v = k_1 + k_2 \cdot \varphi^{k_3} \tag{1-24}$$

对于有明显毛细滞后的材料而言，在同一相对湿度下可能有明显不同的平衡含湿量，对应的水蒸气渗透系数也会不同。因此，式(1-25)比式(1-24)更合理和准确地描述了水蒸气渗透系数的变化[64]。

$$\delta_v = k_1 + k_2 \cdot w^{k_3} \tag{1-25}$$

多孔建筑材料的水蒸气渗透系数随环境湿度(或材料含湿量)的增大而增大的原因有多种。例如，BET 吸附理论认为，水分子吸附在材料孔隙表面形成液膜后，可通过液态水的表面扩散增强传递能力。液岛理论则认为，随着材料含湿量的增大，水蒸气将在孔隙中凝结并形成液岛。这些液岛的一侧通过冷凝不断吸收水蒸气，而另一侧则通过蒸发释放水蒸气，从而加速水蒸气的传递。尽管这些解释各异，但都认为在高含湿量下水蒸气渗透系数的增大与液态水的形成和活动有关，而此时的水蒸气渗透系数也逐渐变为一种表观值或综合值，而不再是纯粹的水蒸气传递系数。

若将水蒸气在静止空气中的渗透系数(或扩散系数)与在材料中的渗透系数(或扩散系数)相除，则可以定义水蒸气传递的阻力因子：

$$\mu = \frac{\delta_{v,air}}{\delta_v} \tag{1-26}$$

式中，阻力因子 μ 表征了水蒸气在多孔建筑材料中传递比在静止空气中传递的减慢程度，其值受温度和气压的影响不大，但受材料含湿量的影响较为明显。岩棉、矿棉等疏松材料的 μ 值为 1～5，黏土砖、加气混凝土等中等密实材料的 μ 值一般为几到几十，混凝土、模塑聚苯板等密实材料的 μ 值一般为几十到几百，隔汽材料的 μ 值则可能达到几千甚至更高。需要注意的是，通常情况下，多孔建筑材料的 μ 值都大于 1，表示水蒸气在材料中的传递慢于在空气中的传递；但在少数情况下，当材料的含湿量较高时，其 μ 值可能小于 1，这主要是液态水的形成与活动造成的。

若给定材料的厚度 d(m)，则其对水蒸气传递的阻力可以用 s_d 值(m)加以描述：

$$s_d = \mu \cdot d \tag{1-27}$$

在物理意义上，s_d 值表征了给定厚度的材料对水蒸气传递的阻力，相当于多厚的静止空气层对水蒸气传递的阻力，故称其为等效空气层厚度。s_d 值也可用于描述围护结构表面与周围空气的传质阻力。

1.3.2　液态水的传递

在超吸湿范围内，水分的传递以液态水为主。与水蒸气类似，液态水的传递也可以有多种原因。例如，液态水中有溶解的盐分，则外界电场可以影响带电离子的迁移，进而影响水势（或渗透压），最终影响液态水的传递。本书不考虑这种情况。

在通常情况下，多孔建筑材料中的水分是由孔隙水压 p_1(Pa) 的梯度驱动的。孔隙水压由空气压力 p_{air}、毛细压力 p_{cap} 和水头压力 p_{head}(Pa) 三部分组成，即

$$p_1 = p_{air} + p_{cap} + p_{head} \tag{1-28}$$

一般而言，空气压力可以视为常数，因此水压梯度可以简化为

$$\nabla p_1 = \nabla\left(p_{cap} + p_{head}\right) \tag{1-29}$$

当材料处于超毛细范围时，孔隙中的毛细压力为 0，因此水压梯度可以进一步简化为

$$\nabla p_1 = \nabla p_{head} \tag{1-30}$$

液态水的湿流密度 g_1 $(kg \cdot m^{-2} \cdot s^{-1})$ 则可以表示为

$$g_1 = -K_1 \cdot \nabla p_{head} \tag{1-31}$$

式 (1-31) 即为达西定律（Darcy law）。式中，K_1 为材料的液态水渗透系数，$kg \cdot m^{-1} \cdot s^{-1} \cdot Pa^{-1}$ 或 s。

当材料处于毛细范围时，孔隙中的毛细压力不为 0，因此液态水湿流密度需写为

$$g_1 = -K_1 \cdot \nabla\left(p_{cap} + p_{head}\right) \tag{1-32}$$

仅当水头压力较大或材料孔径较大（孔隙直径达到 10^{-5}m 数量级[65-68]）时，重力（水头压力）的作用才能与毛细压力的作用相并列。多数情况下，重力的作用可以忽略，因此式 (1-32) 可以进一步简化为

$$g_1 = -K_1 \cdot \nabla p_{cap} \tag{1-33}$$

在实际工程应用中，多孔建筑材料很少进入超毛细范围，因此式 (1-33) 对应的工况比式 (1-31) 对应的工况更为常见。这表明液态水可以近似视作由毛细压力梯度驱动，在多孔建筑材料内部发生迁移。

除毛细压力梯度外，材料的含湿量梯度也常用作描述液态水迁移的驱动势：

$$g_1 = -D_1 \cdot \nabla w \tag{1-34}$$

式中，D_1 为材料的液态水扩散系数，$m^2 \cdot s^{-1}$。

显然，液态水渗透系数和扩散系数可以相互转换：

$$K_1 = D_1 \cdot \frac{\partial w}{\partial p_{cap}} = D_1 \cdot \xi \tag{1-35}$$

式中，ξ 为材料的比湿容，$kg \cdot m^{-3} \cdot Pa^{-1}$。数学上比湿容即为保水曲线的斜率，物理上则描述了毛细压力每变化 1Pa 时，$1m^3$ 的材料吸收或释放的水分质量。

描述液态水传递的渗透系数法和扩散系数法都很常用，各有优劣，本书不做详细介绍。一般而言，液态水渗透系数可以视作含湿量的单值函数[66]，如图 1-8 所示。

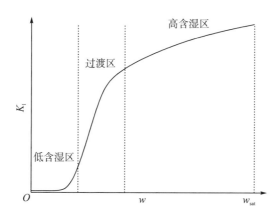

图 1-8 液态水渗透系数与含湿量的关系

描述液态水渗透系数的典型数学模型如下。

Campbell 模型[69]:

$$K_1 = K_{1,\mathrm{sat}} \left(\frac{w}{w_{\mathrm{sat}}} \right)^k \tag{1-36}$$

Pedersen 模型[70]:

$$K_1 = k_1 \cdot \mathrm{e}^{k_2 w} \tag{1-37}$$

（$w < w_{\mathrm{cap}}$ 时，取 w；$w \geqslant w_{\mathrm{cap}}$ 时，取 w_{cap}）

Feng 模型[71]:

$$K_1 = k_1 \cdot \mathrm{e}^{k_2 \cdot w^{k_3}} \tag{1-38}$$

由于毛细滞后效应的存在，材料的比湿容与吸放湿过程相关，因此液态水扩散系数应包含描述吸湿过程和放湿过程的多条曲线。描述液态水扩散系数的典型数学模型如下。

Häupl 模型[72]:

$$D_1 = D_{1,\mathrm{sat}} \cdot \left[(k+1) \cdot \left(\frac{w}{w_{\mathrm{sat}}} \right)^{\frac{1}{k}} - k \cdot \left(\frac{w}{w_{\mathrm{sat}}} \right)^{\frac{2}{k}} \right] \tag{1-39}$$

Künzel 模型[73]:

$$D_1 = 3.8 \cdot \left(\frac{A_{\mathrm{cap}}}{w_{\mathrm{cap}}} \right)^2 \cdot 1000^{\frac{w}{w_{\mathrm{cap}}} - 1} \tag{1-40}$$

以上各式中，k、k_1、k_2、k_3 均为拟合参数；$K_{l,sat}$ 为材料在饱和状态下的液态水渗透系数，$kg \cdot m^{-1} \cdot s^{-1} \cdot Pa^{-1}$；$D_{l,sat}$ 为材料在饱和状态下的液态水扩散系数，$m^2 \cdot s^{-1}$；A_{cap} 为材料的吸水系数，$kg \cdot m^{-2} \cdot s^{-0.5}$。

1.3.3　毛细吸水过程

对于多孔建筑材料或建筑围护结构，一种比较特殊的水分传递过程是材料通过毛细作用直接吸收液态水，如下雨时外墙对雨水的吸收。以图 1-9 中半径为 r 的毛细管为例，弯月面处的毛细压力为

$$p_{cap} = \pi r^2 \frac{2\sigma \cos\gamma}{r} \tag{1-41}$$

水柱上升时与管壁的摩擦力 $f(N)$ 为

$$f = 2\pi r L \frac{4\eta}{r} \frac{dL}{d\tau} \tag{1-42}$$

水柱产生的重力 $G(N)$ 为

$$G = \rho_l \pi r^2 L g \tag{1-43}$$

根据牛顿第二定律可得

$$\rho_l \pi r^2 L \frac{d^2 L}{d\tau^2} = 2\pi r \sigma \cos\gamma - 2\pi r L \frac{4\eta}{r} \frac{dL}{d\tau} - \rho_l \pi r^2 L g \tag{1-44}$$

式中，L 为水柱高度，m；η 为液态水的动力黏度，$Pa \cdot s$；τ 为时间，s；g 为重力加速度，$m \cdot s^{-2}$。

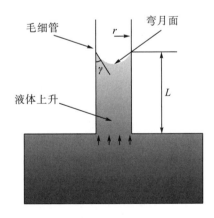

图 1-9　毛细管中的液面上升过程

假设液面以稳定速度上升，且忽略重力的影响，则由式(1-44)可得

$$L = \sqrt{\frac{r\sigma\cos\gamma}{2\eta}}\sqrt{\tau} \tag{1-45}$$

此即卢卡斯-沃什伯恩(Lucas-Washburn)公式[74,75]，表明毛细管中液面的上升高度与时间的平方根成正比。根据管束模型[76]，多孔建筑材料的孔隙可近似看作由多组毛细管组成，故也遵从 Lucas-Washburn 公式。对其变形可得

$$\frac{m_{\text{water}}}{A} = A_{\text{cap}} \cdot \sqrt{\tau} + k \tag{1-46}$$

由式(1-46)可知，仅考虑毛细压力而忽略重力等其他因素时，均质材料单位面积(A，m²)在一维过程中吸收液态水的质量与时间的平方根呈线性关系[77]。上述线性关系式的斜率即为吸水系数 A_{cap}。

1.4　温度对湿物理性质的影响

多孔建筑材料的饱和含湿量和毛细含湿量基本不受温度的影响，但等温吸放湿曲线和保水曲线会随温度的升高而略有下移。在大多数情况下，有机材料和放湿曲线受温度的影响大于无机材料和吸湿曲线所受的影响。在常见的建筑环境范围内，一般可以不考虑温度对储湿性质的影响[54]。

与储湿性质相比，传湿性质受温度的影响更为明显。对水蒸气而言，由 Schirmer 公式和式(1-19)可知，若温度从 0℃升高到 40℃，水蒸气扩散系数将增大 28%，水蒸气渗透系数将增大 12%。但 Knudsen 扩散会随着温度的升高而减弱，从而削弱温度的影响。此外，水蒸气渗透系数和扩散系数的测试误差较大，因此在对计算精度要求不高的情况下，可以忽略温度的影响。

对液态水而言，温度可以通过改变其表面张力和动力黏度而对材料的吸水系数、液态水扩散系数和液态水渗透系数产生明显影响。由式(1-45)和式(1-46)可知

$$A_{\text{cap}} \propto \sqrt{\frac{\sigma}{\eta}} \tag{1-47}$$

由式(1-40)和式(1-47)可知

$$D_{\text{l}} \propto (A_{\text{cap}})^2 \propto \frac{\sigma}{\eta} \tag{1-48}$$

在 0～40℃内，随着温度的升高，水的表面张力和动力黏度都会下降，如图 1-10 所示。

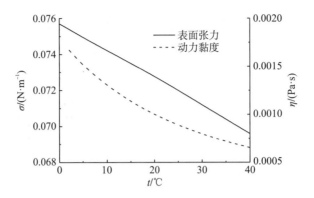

图 1-10　温度对水的表面张力和动力黏度的影响

由图 1-10 可以近似得

$$\sqrt{\frac{\sigma}{\eta}} = 0.095t + 6.566 \tag{1-49}$$

将式 (1-49) 代入式 (1-47) 和式 (1-48) 可得

$$A_{\text{cap}} \propto k \cdot (0.095t + 6.566) \tag{1-50}$$

$$D_1 \propto k \cdot (0.095t + 6.566)^2 \tag{1-51}$$

式中，k 为不同的拟合参数。

对于液态水渗透系数，一般认为其值与液态水的动力黏度成反比[78]，即

$$K_1 \propto \frac{1}{\eta} \tag{1-52}$$

结合温度对液态水动力黏度的影响，式 (1-52) 可改写为

$$K_1 \propto 2148.63 \cdot e^{\frac{T}{106.59}} - 1593.47 \tag{1-53}$$

根据式 (1-50)、式 (1-51) 和式 (1-53)，即可由某一温度下的值计算得到其他温度下的值。从 0℃到 40℃，吸水系数、液态水扩散系数和液态水渗透系数将分别增大 58%、149% 和 176%，温度的影响显然不可忽略。

1.5　建筑围护结构热湿耦合传递

1.5.1　守恒方程

自 Philip 和 de Vries 在 1957～1958 年首次提出描述多孔材料内部热湿耦合传递过程的完整理论模型以来[79,80]，世界各国的专家学者不断对其进行深入研究并加以发展应用。据不完全统计，世界范围内已有超过 50 种模型可用于分析多孔建筑材料或建筑围护结构的热湿耦合传递[81]。可以证明，绝大多数理论模型在数学上都是可以相互转换的，其主要区别在于选取的传递驱动势和对应的传递系数[82]。下面对典型模型进行简单介绍。

多孔建筑材料内部水分传递的速度较慢，因此一般忽略动量守恒，仅考虑能量守恒和质量守恒。对传热过程而言，有如下守恒方程：

$$\left(\rho_{\text{bulk}}c_{\text{dry}} + wc_{\text{l}}\right)\frac{\partial T}{\partial \tau} = \nabla\left(\lambda\nabla T\right) + h_{\text{v}}\nabla\left(\delta_{\text{v}}\nabla p_{\text{v}}\right) \tag{1-54}$$

式中，c_{dry} 为干燥材料的比热容，$\text{J·kg}^{-1}\text{·K}^{-1}$；$c_{\text{l}}$ 为液态水的比热容，$\text{J·kg}^{-1}\text{·K}^{-1}$；$\lambda$ 为材料的导热系数，$\text{W·m}^{-1}\text{·K}^{-1}$；$h_{\text{v}}$ 为水的相变潜热，单位为 J·kg^{-1}。

对传湿过程而言，液态水和水蒸气的传递通常是同时发生的，而且无法准确区分。此时液态水渗透系数法的总传递方程可以写为

$$g_{\text{w}} = g_{\text{v}} + g_{\text{l}} = -\delta_{\text{v}}\cdot\nabla p_{\text{v}} - K_{\text{l}}\cdot\nabla p_{\text{cap}} \tag{1-55}$$

而液态水扩散系数法的总传递方程可以写为

$$g_{\text{w}} = g_{\text{v}} + g_{\text{l}} = -\delta_{\text{v}}\cdot\nabla p_{\text{v}} - D_{\text{l}}\cdot\nabla w \tag{1-56}$$

对应的守恒方程分别为

$$\frac{\partial w}{\partial \tau} = \nabla\left(\delta_{\text{v}}\cdot\nabla p_{\text{v}} + K_{\text{l}}\cdot\nabla p_{\text{cap}}\right) \tag{1-57}$$

和

$$\frac{\partial w}{\partial \tau} = \nabla\left(\delta_{\text{v}}\cdot\nabla p_{\text{v}} + D_{\text{l}}\cdot\nabla w\right) \tag{1-58}$$

材料的导热系数受含湿量的影响较为明显，且式(1-54)直接包含材料的含湿量；而式(1-57)和式(1-58)中的水蒸气分压力、毛细压力、液态水渗透系数和液态水扩散系数等物理量都与温度密切相关。由此可知，多孔材料内部的热传递和湿传递互相影响，需要同时考虑，故称热湿耦合传递。

1.5.2　初始条件

式(1-57)和式(1-58)为 Delphin® 和 WUFI® 两款常见的热湿耦合软件的湿平衡方程。二者均对时间有一次导数，对空间有二次导数，因此求解时需要一个初始条件和两个边界条件。

初始条件一般设定为材料的含湿量或相对湿度/毛细压力。典型的初始条件有两种：一种用于分析材料或构件的短期湿过程，另一种用于分析长期(如周期性)热湿过程。对前者而言，初始条件往往由需要分析的过程直接确定。例如，对于以现浇混凝土为基墙的外保温系统，人们常常关心基墙经过多长时间能结束干燥，进入墙体含湿量波动相对稳定的阶段。此时，基墙的初始含湿量便是需要设定的初始条件，一般根据经验取相对湿度 80%～90%下的放湿平衡含湿量。对后者而

言，初始条件的影响并不显著。这是因为在进行长期分析时，往往取典型气象年作为室外气象条件，室内条件通常也是周期性或稳态的。因此，当经过足够长时间后，初始条件的影响将会减弱直至消失。

需要注意的是，目前绝大多数热湿耦合模型并没有考虑毛细滞后效应，因此初始条件的影响被进一步削弱。然而，在考虑毛细滞后效应的情况下，初始条件的准确设定是非常重要的。这是多孔建筑材料及建筑围护结构热湿过程研究中尚未解决的难点问题之一。

1.5.3 边界条件

对建筑围护结构而言，边界条件主要由室内外气象参数及各表面的传递条件决定。当没有明确要求时，室外气象参数可取典型气象年，而室内气象参数应根据建筑类型或具体要求确定。下面重点讨论各表面的湿传递条件。

1. 室内传递条件

室内侧的湿传递比较简单，空气流动以自然对流为主，通常可以仅考虑水蒸气对流传质。EN 15026：2007 标准[83]推荐常数见表 1-2。其中，α 为对流换热系数，$W \cdot m^{-2} \cdot K^{-1}$。$s_d$ 值与对流传质系数（β，$kg \cdot m^{-2} \cdot s^{-1} \cdot Pa^{-1}$）的关系如下：

$$\beta = \frac{\delta_{v,air}}{s_d} \tag{1-59}$$

表 1-2　室内侧对流边界条件

构造方向	热流方向	$\alpha/(W \cdot m^{-2} \cdot K^{-1})$	s_d/m
水平	水平	2.5	0.008
向上	向上	5.0	0.004
向下	向下	0.7	0.03

2. 室外传递条件

室外侧的空气流动使得围护结构的外表面以强迫对流为主。其对流换热系数受风速、表面粗糙度和几何形状等因素的影响。EN 15026：2007 标准[83]推荐如下计算公式：

$$\alpha = 4 + 4v \tag{1-60}$$

式中，v 为风速，$m \cdot s^{-1}$。

与对流换热类似，对流传质也受风速的明显影响。EN 15026：2007 标准[83]推荐的计算方法如下：

$$s_d = \frac{1}{67 + 90v} \tag{1-61}$$

在已知对流换热系数后，也可以使用刘易斯类比（Lewis analogy）[70]估算对流传质系数：

$$\beta = \frac{\alpha M_{\text{water}}}{\rho_{\text{air}} c_{\text{p,air}} RT} \approx 7.5 \times 10^{-9} \cdot \alpha \tag{1-62}$$

式中，ρ_{air} 为空气密度，kg·m^{-3}；$c_{\text{p,air}}$ 为空气的定压比热容，$\text{J·kg}^{-1}\text{·K}^{-1}$。

需要特别注意的是，无论是室内侧还是室外侧，对流传质系数都难以准确定量。当前各种计算方法仅能估算其数量级，但在具体数值上不一定非常准确。

除水蒸气传递外，室外还可能有降雨，因此也存在液态水传递的边界条件。降雨的边界条件较为复杂，严谨分析时应结合计算流体动力学（computational fluid dynamics，CFD）模型详细考虑气流影响下的风驱雨。在此仅介绍一种简化的处理方法。

记水平面上的降雨强度为 $R_h(\text{m·s}^{-1})$，风向与立面法线的夹角为 $\theta_{\text{wind}}(°)$，则立面上的风驱雨强度 $R_{\text{WRD}}(\text{m·s}^{-1})$ 为

$$R_{\text{WRD}} = c_{\text{WDR}} \cdot R_h \cdot v \cdot \cos\theta_{\text{wind}} \tag{1-63}$$

式中，c_{WDR} 为风驱雨系数，其值受地形、建筑高度、遮挡等许多因素影响，一般取 $0.02 \sim 0.26 \text{ s·m}^{-1}$。

由于反弹、径流等，立面上接收的风驱雨不会被全部吸收。定义风驱雨的吸收量和接收量之比为风驱雨吸收系数 α_{WDR}，其值受材料性质、材料含湿量、表面粗糙程度、降雨特点等因素影响，在非憎水及非饱和情况下一般为 $0.5 \sim 0.8$。根据此定义，立面上的风驱雨吸收密度（g_{WDR}，$\text{kg·m}^{-2}\text{·s}^{-1}$）为

$$g_{\text{WDR}} = \rho_l \cdot \alpha_{\text{WDR}} \cdot R_{\text{WRD}} \tag{1-64}$$

立面上的液态水湿流密度还可以根据式(1-33)或式(1-34)计算。考虑到雨量充沛与否及立面表层材料是否接近饱和等因素，显然应取式(1-33)或式(1-34)与式(1-64)中的较小值，即

$$g_{\text{l,surface}} = \min\left(-K_l \cdot \nabla p_{\text{cap}}\big|_{\text{surface}}, g_{\text{WDR}}\right) \tag{1-65}$$

或

$$g_{\text{l,surface}} = \min\left(-D_l \cdot \nabla w\big|_{\text{surface}}, g_{\text{WDR}}\right) \tag{1-66}$$

3. 层间传递条件

建筑围护结构通常是由多种材料组成的复合构造。在不同材料的交界面处

($x=x_{\text{interface}}$) 也需要定义边界条件。对水蒸气而言,交界面处一般不存在明显的阻力,因此水蒸气分压力或相对湿度在交界面处都连续:

$$p_{\text{v},x \to x_{\text{interface}}^+} = p_{\text{v},x \to x_{\text{interface}}^-} \tag{1-67}$$

$$\varphi_{x \to x_{\text{interface}}^+} = \varphi_{x \to x_{\text{interface}}^-} \tag{1-68}$$

对液态水而言,假定交界面处为完美水力接触,则毛细压力连续:

$$p_{\text{cap},x \to x_{\text{interface}}^+} = p_{\text{cap},x \to x_{\text{interface}}^-} \tag{1-69}$$

完美水力接触是一种理想状态,实际情况下多为非完美水力接触,即交界面处存在一定的接触阻力。接触阻力的存在使得毛细压力不连续:

$$p_{\text{cap},x \to x_{\text{interface}}^+} \neq p_{\text{cap},x \to x_{\text{interface}}^-} \tag{1-70}$$

接触阻力通常难以准确定量,因此许多计算模型仍假定完美水力接触,在未来的研究和工程应用中有待改进。

第2章 多孔建筑材料湿物理性质的应用案例

对多孔建筑材料的湿物理性质进行测试并建立数据库的目标之一是进行实际应用。在构造和建筑层面，常常采用 Delphin® 和 WUFI®等软件进行热湿模拟，也可与计算流体力学或建筑能耗模拟相结合，进行 HAM-CFD 或 HAM-BES 分析。在材料层面，实验测试仍是必不可少的分析方法。本章通过内保温改造后墙角热湿状态分析、历史文化建筑材料的冻融风险评估、憎水处理对建筑材料湿物理性质的影响以及调湿材料对室内热湿环境的影响 4 个案例，展示多孔建筑材料的湿物理性质在不同层面的实际应用。

2.1 内保温改造后墙角热湿状态分析

在既有建筑(尤其是历史文化建筑)的节能改造中，建筑围护结构的外立面一般不能进行大幅度的调整。因此，内保温改造，即在围护结构的内侧加装保温层成了常用的构造措施。内保温改造通常能改善室内热湿环境，但对围护结构本身可能带来一定的热湿风险。本节介绍一个热湿耦合模拟计算案例，分析加装内保温后墙角温湿度变化与发霉风险。

本案例引自文献[84]。如图 2-1 所示，天津某历史建筑墙角处的构造为 370mm 砖墙+20mm 水泥砂浆抹灰+5mm 石灰砂浆。为提高墙体的保温性能，在其内部加装 80mm 厚的硅酸钙保温板。墙体的构造与传热系数见表 2-1，各材料的热湿物性参数根据实验或文献数据取值，在此略过。

表 2-1 墙体构造与传热系数

墙体编号	墙体组成	传热系数/(W·m^{-2}·K^{-1})
A1	370mm 青砖+20mm 水泥砂浆+5mm 石灰砂浆	0.87
A2	370mm 青砖+20mm 水泥砂浆+5mm 黏结砂浆+80mm 硅酸钙+5mm 石灰砂浆	0.35
B1	370mm 红砖+20mm 水泥砂浆+5mm 石灰砂浆	1.33
B2	370mm 红砖+20mm 水泥砂浆+5mm 黏结砂浆+80mm 硅酸钙+5mm 石灰砂浆	0.40

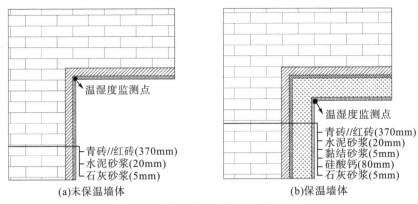

(a)未保温墙体 (b)保温墙体

图 2-1 某墙角加装保温层前后的构造

结合 EN 15026：2007 标准[83]和天津当地气候条件，按图 2-2 和图 2-3 设置室内、外温湿度。根据文献[85]，墙体内、外表面换热系数分别设为 $8W \cdot m^{-2} \cdot K^{-1}$ 和 $25W \cdot m^{-2} \cdot K^{-1}$；墙体内、外表面的对流传质系数分别设为 $3 \times 10^{-8} kg \cdot m^{-2} \cdot s^{-1} \cdot Pa^{-1}$ 和 $2 \times 10^{-7} kg \cdot m^{-2} \cdot s^{-1} \cdot Pa^{-1}$。

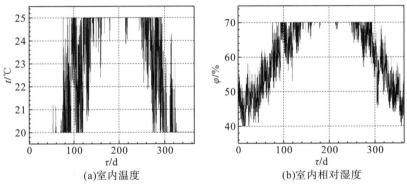

(a)室内温度 (b)室内相对湿度

图 2-2 室内温湿度工况

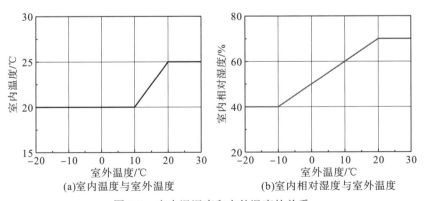

(a)室内温度与室外温度 (b)室内相对湿度与室外温度

图 2-3 室内温湿度和室外温度的关系

　　利用 Delphin®软件进行模拟，时间从 7 月 1 日开始，采用第 2 年墙体热湿状态达到稳定后的结果。不同墙体墙角内表面的温湿度变化如图 2-4 和图 2-5 所示。由图可知，在墙体内侧加装保温层后，供暖季墙角内表面的温度有所提高，相对湿度有所下降。

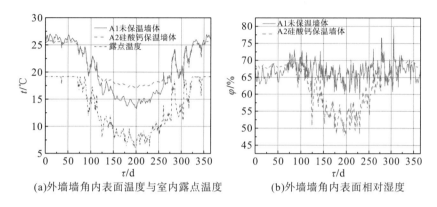

(a)外墙墙角内表面温度与室内露点温度　　　　(b)外墙墙角内表面相对湿度

图 2-4　青砖砌体外墙墙角内表面的温湿度变化(彩图见附图)

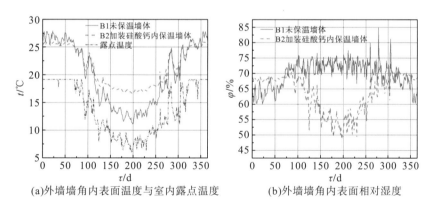

(a)外墙墙角内表面温度与室内露点温度　　　　(b)外墙墙角内表面相对湿度

图 2-5　红砖砌体外墙墙角内表面的温湿度变化(彩图见附图)

　　根据表面的温湿度，还可以进一步判断墙体发霉的风险。将图 2-4 和图 2-5 中的数据代入生物热湿模型[86]，结合霉菌发生概率线(LIM 线)可得图 2-6。由图可知，加装保温层前，两种砌体墙均有少量点在 LIM 线以上，表明具有一定的发霉风险；加装保温层后，所有的温湿度点均在 LIM 线以下，且偏离更远，表明发霉风险得到明显降低。

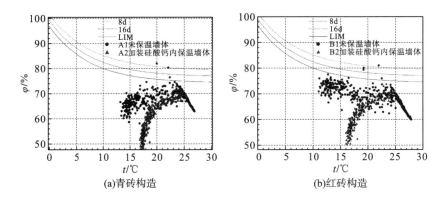

图 2-6　加装保温层后砌体外墙墙角内表面的发霉风险变化(彩图见附图)

2.2　历史文化建筑材料的冻融风险评估

上一节的分析表明,经过内保温改造后墙角的热湿状态会发生一定变化,在特定的环境条件下可能产生正面影响。然而,上述分析是针对墙体内表面进行的。在冬季,内保温改造后的墙体外表面含湿量会升高,温度会下降,由此增大其冻融风险。对于历史文化建筑而言,使用砖、石等材料对其抗冻性能的提升可能有限,因此应在进行冻融风险评估后再谨慎考虑内保温的改造措施。

本案例引自文献[87]。为研究四种历史文化建筑常用砖(编号为 A～D)的抗冻性能,首先对其密度ρ_{bulk}(kg·m^{-3})、孔隙率ϕ、饱和含湿量w_{sat}(kg·m^{-3})、吸水系数A_{cap}(kg·m^{-2}·s$^{-0.5}$)和毛细含湿量 w_{cap}(kg·m^{-3})等物理性质进行测试,所得结果见表 2-2。其孔径分布通过压汞法进行测试,结果如图 2-7 所示。

表 2-2　四种砖的物理性质

砖类型	ρ_{bulk}/(kg·m^{-3})	ϕ	w_{sat}/(kg·m^{-3})	A_{cap}/(kg·m^{-2}·s$^{-0.5}$)	w_{cap}/(kg·m^{-3})
A	1839	0.314	306.7	0.506	177.8
B	1704	0.354	347.5	0.143	243.0
C	1750	0.335	327.9	0.145	246.1
D	1778	0.321	312.9	0.165	225.2

为分析上述四种砖的抗冻性能,先采用经验公式进行判断。在此采用 Maage[88] 提出的 F_{c} 指标:

$$F_{\text{c}} = 0.0032 / \text{PV} + 2.4 \cdot P_3 = 0.0032 \cdot \rho_{\text{bulk}} / \phi + 2.4 \cdot P_3 \qquad (2\text{-}1)$$

式中,PV 为材料单位质量的孔隙体积,m^3·kg^{-1};P_3 为直径大于 3μm 孔隙的比例，%。若计算得到的 $F_c > 70$，则认为该材料抗冻性能较好；$F_c < 55$，则认为抗冻性能较差；$F_c = 55 \sim 70$，则为过渡区。

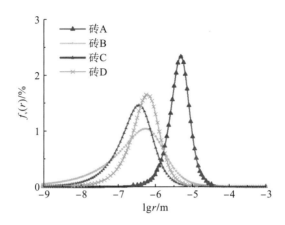

图 2-7　四种砖的孔径分布（彩图见附图）

除 F_c 指标外，同时采用比利时标准中的 G_c 指标[89]：

$$G_c = -14.53 - 0.309 \cdot \left(100 \cdot \sqrt{60} \cdot \frac{A_{cap}}{w_{sat}} \right) + 0.203 \cdot \left(100 \cdot \frac{w_{cap}}{w_{sat}} \right) \tag{2-2}$$

若 G_c 小于 -2.5，则认为该材料抗冻性能较好。

将表 2-2 和图 2-7 中的数据代入式（2-1）和式（2-2），计算得到四种砖的抗冻指标见表 2-3。由表可知，F_c 和 G_c 两种指标的判断结果一致，均认为砖 A 的抗冻性能较好，而另外三种砖抗冻性能较差。然而，这一判断仅依赖于经验公式及实验测得的材料物理性质，与实际情况可能存在差异。

表 2-3　四种砖的抗冻指标及判断结果

砖类型	F_c 指标		G_c 指标	
	F_c 值	抗冻性能	G_c 值	抗冻性能
A	238.4	较好	-3.4	较好
B	48.4	较差	-0.7	较差
C	28.2	较差	0.3	较差
D	41.1	较差	-0.4	较差

为验证上述判断是否准确，采用冻融实验对四种砖进行实际测试。冻融过程的温度循环如图 2-8 所示。测试时，根据表 2-4 进行温度和饱和度（S）的组合，然后进行 10 次冻融循环。记冻融循环前后用超声波设备测得的 55kHz 超声波脉冲

透过砖的时间分别为 τ_0 和 $\tau(s)$ ，可计算得到不同的判据指标[90-93]。此处采用 Løland[94]提出并被其他学者接受[95]的 Ω 指标：

$$\Omega = 1 - \left(\frac{\tau_0}{\tau}\right)^2 \tag{2-3}$$

根据 EN 12371：2010 标准[96]，取 $\Omega=0.3$ 为临界值。即当 $\Omega>0.3$ 时，认为该材料不抗冻，当 $\Omega<0.3$ 时，该材料抗冻。测试结果如图 2-9 所示。

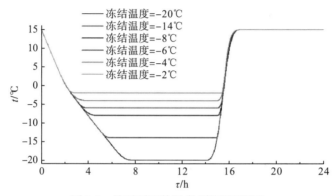

图 2-8　冻融循环的温度(彩图见附图)

表 2-4　四种砖冻融循环的温度和饱和度组合

	饱和度	$t/℃$					
		-2	-4	-6	-8	-14	-20
	0.10	—	—	—	—	—	A, B, C, D
	0.25	B	B	B	B	B	A, B, C, D
	0.40	B	B	B	B	A, B, C, D	A, B, C, D
S	0.55	A, B, C, D	A, B, C, D	A, B, C, D	A, B, C, D	A, B, C, D	A, B, C, D
	0.70~0.75	A, B, C, D	A, B, C, D	A, B, C, D	A, B, C, D	A, B, C, D	A, B, C, D
	0.85	A, B, C, D	A, B, C, D	A, B, C, D	A, B, C, D	A, B, C, D	A, B, C, D
	1.00	A, B, C, D	A, B, C, D	A, B, C, D	A, B, C, D	A, B, C, D	A, B, C, D

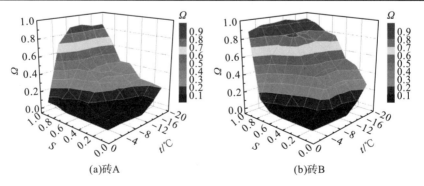

(a)砖A　　　　　　　　　　　(b)砖B

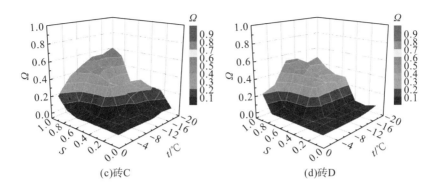

(c)砖C　　　　　　　　　　　　　　　(d)砖D

图 2-9　四种砖冻融循环结果(彩图见附图)

从图 2-9 可知，砖 A 和砖 B 都有较大片的红、橙、黄、绿区域，表明这
两种砖的实测抗冻性能较差；而砖 C 和砖 D 的抗冻性能则较好。与表 2-3 对
比可见，根据经验公式进行计算的判断结果可能与实际存在较大差异，应谨
慎使用。

冻融测试的结果还可与围护结构的热湿耦合模拟相结合。以砖 A 为例，可
将图 2-9 中的测试结果绘制成平面的冻融等值线图(图 2-10)。假定有一砖 A 砌
成的墙体，在给定工况下其外表面的温湿度分布可参照 2.1 节的方法计算得出，
并标示为图 2-10 中左下角区域的三角形。经过内保温改造后，该墙外表面的
温湿度分布可再次通过热湿耦合模拟得到，标示为图 2-10 中中部区域的圆形。
随着温湿度分布向右上角移动，墙体遭到冻融破坏的风险不断增大。若多个分
布点均进入 $\Omega > 0.3$ 的区域，则表明该墙体经过内保温改造后会遭到明显的冻
融破坏。

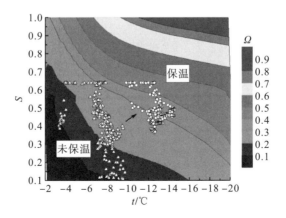

图 2-10　砖 A 的冻融等值线和内保温改造前后的温湿度分布(假想案例，彩图见附图)

2.3 憎水处理对建筑材料湿物理性质的影响

2.2 节的分析表明，经过内保温改造后，围护结构的外表面冻融风险可能会增大。但在很多情况下，进行内保温改造是提高围护结构热工性能、改善室内热湿环境的必要措施。因此，需要探寻适当策略，以降低冻融风险。

对于给定的建筑材料，其发生冻融损害需要同时满足两个必要条件：材料的含湿量足够高，且温度循环中的冻结温度足够低。降雨是建筑围护结构的重要水分来源，因此若能对建筑材料进行改性，减弱其对雨水的吸收能力，同时保留其蒸发干燥能力，即可降低发生冻融破坏的风险。为此，可以考虑使用憎水剂。常见憎水剂的化学成分以硅烷或硅氧烷为主，可用于对建筑材料和围护结构进行直接处理，通过增大材料与液态水的接触角以减弱其毛细吸水能力。同时，使用憎水剂基本不会堵塞材料的孔隙，因而保留了材料的水蒸气传递能力。

本案例引自文献[97]。为研究憎水处理对历史文化建筑常用材料湿物理性质的影响，采用 SILRES® BS SMK 2100 憎水剂对某种砖（Vandersanden Robusta brick[98]）和某种自制石灰砂浆进行了处理。此外，选取了孔隙结构非常均匀的烧结多孔玻璃（ROBU VitraPOR® P100[99]）为参考。根据厂家推荐，适用于砖和砂浆的憎水剂体积浓度为 10%[100]；作为对照，还将该憎水剂浓度稀释到 0.1% 和 0.01% 后对材料进行了处理。处理时，用不同浓度的憎水剂将试件彻底浸润并在高湿度环境下养护，然后烘干使用。处理后，参照表 2-5 中的测试方法对材料的物性参数进行测试，并与处理前的结果进行对比。

表 2-5 测试方法和参数

测试方法	参考标准	测试性质
真空饱和实验	ISO 10545-3[101]	ρ_{bulk}, ϕ
压汞实验	ASTM D4404-18[102]	孔径分布
毛细吸水实验	ASTM C1794-15[103]	A_{cap}
水蒸气渗透实验	ISO 12572：2016[63]	μ

测试所得密度和孔隙率如图 2-11 所示。从图中可知，随着处理时使用的憎水剂浓度增大，三种材料的密度整体呈现上升趋势，这是因为憎水剂留在了材料中；此外，三种材料的孔隙率也随着憎水剂浓度的增大而减小，表明部分孔隙被阻塞。但整体而言，密度和孔隙率的变化都较小。

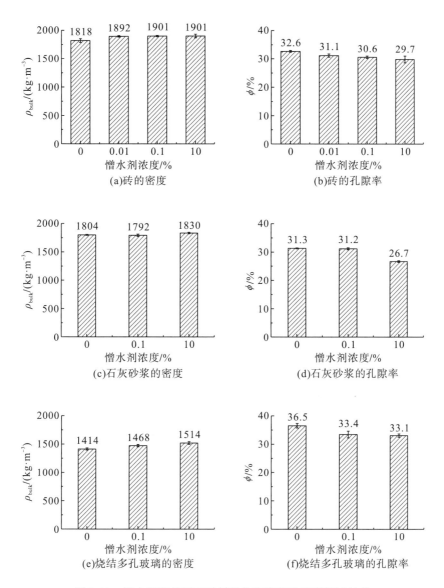

图 2-11 憎水处理前后三种材料的密度和孔隙率测试结果

  由图 2-12 可知,憎水处理前后三种材料的孔径分布基本保持不变。结合图 2-11 中的结果可以认为,使用憎水剂对建筑材料进行处理后,其孔隙特征仅发生轻微变化。由于水蒸气渗透系数等湿物理性质主要取决于材料的孔隙特征,因此可以预测其基本不受憎水处理的影响。

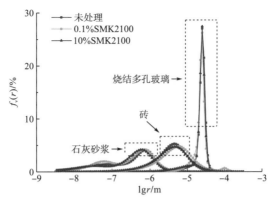

图 2-12　憎水处理前后三种材料的孔径分布测试结果(彩图见附图)

　　通过毛细吸水实验得到的吸水系数如图 2-13 所示。由图可知，经过憎水处理后，三种材料通过毛细作用吸收液态水的能力均明显下降，幅度可达 2~4 个数量级。需要特别注意的是，不同材料吸水系数下降的幅度与憎水剂的浓度密切相关。对于砖和烧结多孔玻璃这两种孔径较大的材料，0.1%的憎水剂浓度足以产生明显效果；对于石灰砂浆这种孔径较小的材料，则需要更高的憎水剂浓度。这主要是因为三种材料的孔隙率较为接近(图 2-11)，即相同体积的材料能够容纳的憎水剂体积基本相同；而对于相同体积的材料，孔径较小的石灰砂浆的总孔隙面积更大，覆盖所有孔隙表面需要的憎水剂总量也更大，因此对应所需的憎水剂浓度更高。

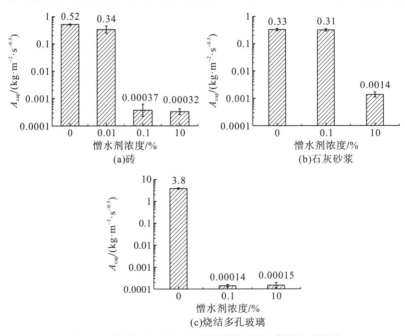

图 2-13　憎水处理前后三种材料的吸水系数测试结果

通过水蒸气渗透实验得到的水蒸气传递阻力因子如图 2-14 所示。由图可知，随着处理时使用的憎水剂浓度(φ)上升，砖和石灰砂浆对水蒸气传递的阻力也呈现出增长趋势。显然，这是因为高浓度的憎水剂使更多的孔隙被堵塞，从而造成水蒸气在材料中的传递愈加受阻。此外，砖所受的影响弱于石灰砂浆，这是因为砖的孔径大于石灰砂浆的孔径，其孔隙更不容易被堵塞(烧结多孔玻璃的孔径比砖的孔径更大，前期推断其水蒸气传递性质应基本不受影响，因此未进行水蒸气渗透实验)。

与图 2-13 中吸水系数的下降幅度相比，图 2-14 中两种材料水蒸气传递能力的变化不到一个数量级。因此可以综合认为，使用适当浓度的憎水剂对砖、砂浆等材料进行处理后，可以大幅降低其通过毛细作用吸收液态水的能力，而基本不影响通过水蒸气扩散进行蒸发干燥的能力。这也表明对建筑外墙等围护结构进行憎水处理后，能大幅减弱其对雨水的吸收，从而降低含湿量，进而降低内保温改造后的冻融风险。

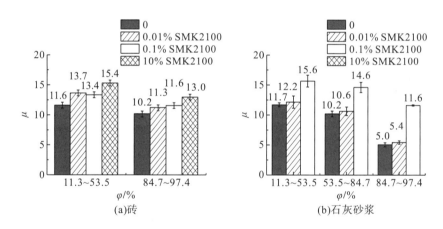

图 2-14 憎水处理前后砖和石灰砂浆水蒸气传递阻力因子测试结果

2.4 调湿材料对室内热湿环境的影响

在我国南方地区，空气湿度普遍较高。为营造一个舒适的室内热湿环境，常使用除湿机等设备对室内湿度进行调节。近年来，有学者提出利用调湿材料对室内湿度进行被动调节，即通过其较强的吸放湿能力，在空气湿度较高时吸收水蒸气，在空气湿度较低时释放水蒸气，起到"削峰填谷"的被动式节能调湿效果。这一方法在理论上可行，但调湿材料的实际使用效果与材料种类、房间使用模式、当地气候特征等多个因素密切相关，需要精准分析。

本案例引自文献[104]。为对比常用调湿材料在亚热带地区的湿缓冲潜力，本案例以上海、广州和昆明的办公建筑为例，以抹灰内饰面为参照，采用 WUFI-Plus® 软件对杉木、石膏板和硅藻泥的湿缓冲效果进行了模拟分析。四种材料的具体参数均取自 WUFI-Plus® 软件的材料库，详见表 2-6 和图 2-15。

表 2-6　不同内饰面材料的基本参数

材料	$\rho_{bulk}/(kg\cdot m^{-3})$	$c_{dry}/(J\cdot kg^{-1}\cdot K^{-1})$	ϕ	$\lambda/(W\cdot m^{-1}\cdot K^{-1})$	μ
杉木	455	1400	0.73	0.23	4.3
石膏板	850	870	0.65	0.163	6
抹灰	1900	850	0.24	0.8	19
硅藻泥	969	850	0.63	0.117	15

图 2-16 为一个办公单元的简易模型，室内净尺寸为 8m×6m×2.7m。计算用建筑模型对围护结构进行了简化，各构造层次设计如图 2-17 所示。围护结构传热系数满足《近零能耗建筑技术标准》（GB/T 51350—2019）[105]对各热工分区的要求。地面面层材料统一采用花岗岩。对照组屋面与墙体的内饰面采用 20mm 抹灰，其他模拟案例分别采用 20mm 杉木、石膏板或硅藻泥。

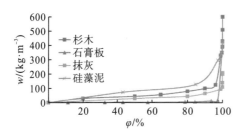

图 2-15　材料平衡含湿量

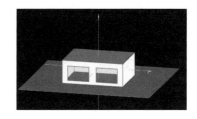

图 2-16　建筑模型示意图

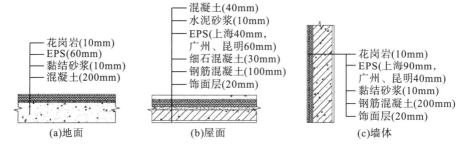

(a)地面　　　(b)屋面　　　(c)墙体

图 2-17　建筑模型构造示意图

模拟设置工作时间段为 8:00～18:00，在室人员为 5 人，单人对流散热量为 40J·h^{-1}、辐射散热量为 27J·h^{-1}、散湿量为 102g·h^{-1}。全天空气渗透为 0.1 次·h^{-1}，工作时间室内通风换气为 1 次·h^{-1}，非工作时间段为 0 次·h^{-1}。在工作时间段内，采暖温度设置为 20℃，制冷温度设置为 26℃，设备详细运行时间与温度设置参照《公共建筑节能设计标准》（GB 50189—2015）[106]。

将上海、广州和昆明的典型年气象参数作为室外边界条件。围护结构外表面的短波吸收率为 0.4、长波发射率为 0.9[107]。地面、墙体和天花板的室内侧传热阻分别为 0.17m^2·K·W^{-1}、0.13m^2·K·W^{-1} 和 0.10m^2·K·W^{-1}，室外侧传热阻均为 0.04m^2·K·W^{-1}[108]；其室内侧传质阻力 s_d 值分别为 0.03m、0.008m 和 0.004m，室外侧均为 0.005m[109]。模拟从 1 月 1 日开始，计算时间步长为 1h；室内温湿度在第 2 年达到周期性稳定。

人体普遍适应的湿度为 30%～60%。亚热带地区气候湿润，所以本案例将在工作时间段内室内相对湿度超过 60% 的部分进行累加，定义为累积过潮湿值（accumulated high humidity index，AHHI，h），用以表示室内过于潮湿的程度，计算公式如下：

$$AHHI = \sum_{i=1}^{8760}(\varphi_i - 60\%)\Delta\tau \tag{2-4}$$

$$\varphi_i = \begin{cases} \varphi_\tau, & \text{若 } \varphi_\tau \geqslant 60\% \\ 60\%, & \text{若 } \varphi_\tau < 60\% \end{cases}, \quad \Delta\tau = \begin{cases} 1, \text{工作时间} \\ 0, \text{其他时间} \end{cases}$$

式中，φ_τ 表示在 τ 时刻室内的相对湿度；φ_i 表示在 τ 时刻 AHHI 的计算参考相对湿度。

经统计，上海、广州和昆明在工作时间段内使用四种材料下的平均 AHHI 分别为 522.86h、693.49h 和 219.50h。全年的工作时间共 2871h，故上海、广州和昆明在工作时间内的 AHHI 逐时平均值分别为 18%、24% 和 8%，表明上海和广州的室内湿环境明显劣于昆明。

将使用不同材料的 AHHI 分别与使用抹灰的 AHHI 相减，用以表示不同调湿材料对室内过潮湿环境的影响，称为累积过潮湿差值（accumulated high humidity difference，AHHD，h）。此外，定义该差值与使用抹灰时的 AHHI 的比例为过潮湿影响比例。显然，当该差值及比例为负值时，表明该材料对室内相对湿度有改善效果，且负值越大，改善效果越好。图 2-18 为工作时间内三个城市使用不同材料时的 AHHD 情况。由图可见，调湿材料普遍降低了室内过潮湿程度。整体而言，在昆明的使用效果最明显，而在 AHHI 较高的上海和广州效果则不明显。就不同材料对过潮湿程度的改善效果而言，杉木大体优于石膏板，而硅藻泥的湿缓冲效果受城市气候的影响明显。在上海和广州，杉木的 AHHD 最高，分别为-13.4h 和-9.3h，影响比例分别为-2.5% 和-1.3%。硅藻泥对过潮湿的改善效果在昆明最好，其 AHHD 为-19.8h，影响比例约为-8.6%；而在上海和广州，硅藻泥的使用反而略加重了室内的过潮湿情况。

不同材料对全年的显热负荷影响如图 2-19 所示。调湿材料普遍降低了采暖负荷，其中在昆明的效果最好，上海次之。在昆明，石膏板对采暖负荷的影响值为 -10.0kW·h·m^{-2}，影响比例约为-16%；对过潮湿情况改善效果最好的硅藻泥在降低采暖负荷方面的效果也较好，影响值和比例分别为-7.0kW·h·m^{-2}和-12%。在不同城市，不同材料对制冷负荷影响效果差异较大。在上海和广州，石膏板和杉木的使用降低了制冷负荷，而硅藻泥的使用略微增加了制冷负荷。

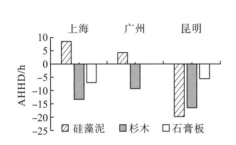

图 2-18　调湿材料对过潮湿情况的影响

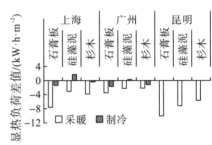

图 2-19　调湿材料对全年显热负荷的影响

第 3 章 数据分析基础

多孔建筑材料的湿物理性质可以通过实验测试、理论计算和统计分析等多种方法获得。其中，实验测试最为直观和可靠，得到了最广泛的应用。针对测试数据，需要进行合理的处理与分析，以明确实验误差，改进或调整实验方案；部分测试数据还需要用回归分析拟合成函数，以方便科研和工程中的应用。本章简单介绍数据分析的基础知识，主要包括误差分析和数据拟合两部分内容。

3.1 误差的定义、分类与描述

3.1.1 误差的定义

在所有的实验或测试中，仪器装置、操作人员、测试方法、环境条件和测试对象都会对结果造成一定的影响。由于上述因素难以达到理想状态，测试结果与其真实值之间必然存在一定的差异，这种差异称为实验误差或测试误差(e_{abs})，可用下式表示：

$$e_{abs} = x - x_{true} \tag{3-1}$$

式中，x 为测试结果；x_{true} 为某物理量在一定条件下的客观大小或真实数值，称为真值。在实际测试中，真值往往未知，因此可以用某个普遍接受的值作为参考，称为约定真值(x_{ref})，此时误差可表示为

$$e_{abs} = x - x_{ref} \tag{3-2}$$

约定真值有三种确定方法，包括指定值、约定值和最佳估计值。指定值是由国际标准化和计量权威机构定义、推荐或指定的值，如阿伏伽德罗常数约为 $6.02 \times 10^{23} \text{mol}^{-1}$。约定值是根据某种计量检定体系而约定的值，如水的三相点为 273.16K。最佳估计值是在重复条件下多次高精度测试的平均值，如采用扭秤周期法测试所得的万有引力常数最佳估计值约为 $6.67 \times 10^{-11} \text{N·m}^2 \text{·kg}^{-2}$。对于多孔建筑材料的湿物理性质而言，最常用的约定真值是最佳估计值，即多次测试的算术平均值(以下简称平均值)：

$$\bar{x} = \frac{1}{n}\sum_{i=1}^{n}x_i \qquad (3\text{-}3)$$

式中，$\bar{x}$ 为 n 次测试结果的平均值；x_i 为第 i 次测试的结果。

式(3-1)和式(3-2)中的误差称为绝对误差。除此之外，还可以采用相对值表示误差，称为相对误差($e_{relative}$)：

$$e_{relative} = \frac{x - x_{ref}}{x_{ref}} \times 100\% \qquad (3\text{-}4)$$

显然，绝对误差的单位与测试物理量的单位一致，而相对误差没有单位，二者都可正可负。需要注意的是，绝对误差和误差的绝对值不同，不应混淆。

例 3-1

对某多孔建筑材料的 20 个试件进行了孔隙率测试，所得结果见下表。试计算测试结果的最大误差。

试件	1	2	3	4	5	6	7	8	9	10
孔隙率	0.33	0.31	0.31	0.28	0.33	0.32	0.35	0.34	0.32	0.29
试件	11	12	13	14	15	16	17	18	19	20
孔隙率	0.41	0.33	0.32	0.32	0.29	0.34	0.32	0.34	0.30	0.30

解：计算可得孔隙率的平均值为 0.323，取其为约定真值。第 11 个试件的测试结果与平均值相差最大，因此最大绝对误差为

$$e_{abs} = 0.41 - 0.323 = 0.087$$

最大相对误差为

$$e_{relative} = \frac{0.41 - 0.323}{0.323} \times 100\% = 26.9\%$$

3.1.2 误差的分类

根据误差的产生原因及性质特点，可以将其分为以下三类。

1. 系统误差

在同一条件下多次测试同一物理量，若某种误差恒定为常数(绝对值和符号都

保持不变），或在环境条件变化时遵循某种变化规律，则称该误差为系统误差。造成系统误差的原因有很多种，包括仪器设备的缺陷、测试环境条件的波动、测试及数据处理方法的不合理、人员操作习惯较差等。

系统误差在重复测试中会反复出现，并且只要测试条件不变，其值就始终恒定，因此不能采用多次测试取平均值的方法减小或消除系统误差。引起系统误差的(部分)原因是可以溯源的，因此在实验过程中可以通过对照实验、空白实验或其他方法来减小或消除系统误差。例如，用天平称量试件的质量时，若天平未校准，则会出现系统误差，导致称量结果偏大或偏小；此时可用标准砝码对天平进行校准，从而消除系统误差。

2. 随机误差

在同一条件下多次测试同一物理量，即使已经消除了系统误差，结果也会呈现出离散状态；其误差的绝对值和符号无规则地变化，这种误差称为随机误差。造成随机误差的原因难以确定，因此无法通过校准仪器设备等方法予以消除。但在足够多次重复测试中，随机误差的波动有一定的界限，称之为有界性；正负误差出现的概率基本相同，称之为对称性；此外其算术平均值趋近于 0，称之为抵偿性。由于上述三种性质，可以采用多次测试取平均值的方法来减小随机误差。

对于单次测试而言，随机误差完全不可预测；但对足够多次测试而言，随机误差整体上符合一定的统计学规律，且多数情况下可按正态分布近似处理。正态分布的概率密度函数为

$$f(x) = \frac{1}{\sqrt{2\pi}\sigma} e^{-\frac{(x-\mu)^2}{2\sigma^2}} \tag{3-5}$$

式中，μ 为样本总体的数学期望；σ 为样本总体的标准差。对于有限次数的测试，当将测试值视为分布的取样时，平均值 $\bar{x}$ 为 μ 的无偏估计，即其值相等(注意二者的数学含义不同，平均值是统计学的概念，期望为概率论的概念)；测试标准差(s)的平方为 σ^2 的无偏估计，其中 s 的计算公式如下：

$$s = \sqrt{\frac{\sum\limits_{i=1}^{n}(x_i - \bar{x})^2}{n-1}} \tag{3-6}$$

需要注意的是，当测试次数 n 较少时，测试结果可能明显偏离正态分布，而呈 t 分布或其他分布。

3. 过失误差

在实验过程中，可能由于操作失误、记录笔误、环境条件突变等造成误差。这种误差会明显扭曲测试结果，称为过失误差或粗大误差，在实验过程中应尽量避免。含有过失误差的值称为异常值，应予以剔除，后文将详细介绍。

上述三种误差在一定条件下可以相互转换，其中过失误差一般可以彻底消除，而系统误差和随机误差往往同时存在，需根据具体情况进行处理。

3.1.3   误差与精度

由于误差必然存在，因此测试结果只能接近真值或约定真值。反映测试结果与真值接近程度的量称为测试精度，可以用测试误差的大小来描述。测试误差大则精度低，测试误差小则精度高。

由于误差包含系统误差和随机误差，因此精度也可以进一步细分。显然，对同一物理量进行多次测试，得到的结果会有一定的离散性。其离散程度可以用精密度加以描述，对应的统计指标为标准差，可通过式(3-6)计算得到。精密度反映了测试的随机误差。

即使测试的精密度非常高，其结果也不一定准确，这是因为测试结果与真实值之间还存在系统误差。这种系统误差一般用正确度加以描述，对应的统计指标为偏差或离差，可通过式(3-1)或式(3-2)计算得到。

当随机误差和系统误差都最小时，测试的总误差最小，此时称测试的准确度最高、不确定度最小。图 3-1 和图 3-2 反映了上述各量之间的关系和典型组合。

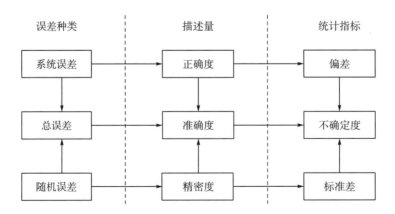

图 3-1   各种误差及其描述量和统计指标的相互关系[110]

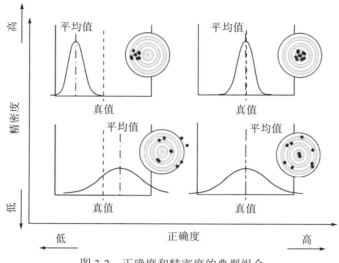

图 3-2　正确度和精密度的典型组合

3.2　异常值的剔除

如前所述，在测试过程中，可能因为操作不当、环境条件突然改变或仪器故障等造成结果偏离合理的取值。这类结果称为异常值(或离群值)，应予以剔除。在统计学上，可用 $3s$ 检验法、格鲁布斯(Grubbs)检验法、狄克松(Dixon)检验法或皮尔逊-斯蒂芬斯(Pearson-Stephens)检验法等对异常值进行检验。下面对其加以简单介绍。注意各方法均以测试结果服从正态分布为前提。

3.2.1　$3s$ 检验法

正态分布的概率密度示意图如图 3-3 所示。可以看出，测试结果落在 $\bar{x} \pm 3s$ 区间范围外的概率只有约 0.3%。因此，若某测试值超出了 $\bar{x} \pm 3s$ 的范围，则可以视

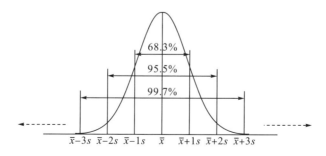

图 3-3　正态分布的概率密度示意图

作异常值。需要注意 3s 检验法适合在要求不高时粗略采用，其本质是一种近似的估计方法，仅适用于较多的测试次数。当数据量小于 10 时，单次测试结果与平均值之差(即残差)始终小于 3s，导致本方法无效。

例 3-2

对某多孔建筑材料的 20 个试件进行了孔隙率测试，所得结果见下表。试用 3s 检验法判断是否存在异常值。

试件	1	2	3	4	5	6	7	8	9	10
孔隙率	0.33	0.31	0.31	0.28	0.33	0.32	0.35	0.34	0.32	0.29
试件	11	12	13	14	15	16	17	18	19	20
孔隙率	0.41	0.33	0.32	0.32	0.29	0.34	0.32	0.34	0.30	0.30

解：计算可得孔隙率的平均值为 0.323，标准差为 0.028。因此 $\bar{x}\pm 3s$ 的上下限分别为 0.407 和 0.239。第 11 个试件测试结果为 0.41，超出了上限，因此为异常值。

3.2.2　Grubbs 检验法

对于 n 次测试结果，当其最小值或最大值可能为异常值时，可先进行如下计算：

$$g_{min} = \frac{\bar{x} - x_{min}}{s} \tag{3-7}$$

$$g_{max} = \frac{x_{max} - \bar{x}}{s} \tag{3-8}$$

然后将统计量 g_{min} 或 g_{max} 与表 3-1 中的临界值进行比较。当统计量大于所选显著性水平(α)的临界值时，即确认对应的测试结果为异常值。

表 3-1　Grubbs 检验的临界值

n	α 0.05	0.01	n	α 0.05	0.01
3	1.15	1.16	15	2.41	2.70
4	1.46	1.49	20	2.56	2.88
5	1.67	1.75	25	2.66	3.01
6	1.82	1.94	30	2.74	3.10
7	1.94	2.10	35	2.81	3.18
8	2.03	2.22	40	2.87	3.24
9	2.11	2.32	50	2.96	3.34
10	2.18	2.41	100	3.21	3.60

例 3-3

在某相对湿度下，测得某多孔建筑材料 5 个试件的平衡含湿量分别为 $1.32\text{kg}\cdot\text{kg}^{-1}$、$1.30\text{kg}\cdot\text{kg}^{-1}$、$1.33\text{kg}\cdot\text{kg}^{-1}$、$1.27\text{kg}\cdot\text{kg}^{-1}$ 和 $1.34\text{kg}\cdot\text{kg}^{-1}$。试用 Grubbs 检验法判断是否存在异常值(取显著性水平 $\alpha=0.05$)。

解：计算可得平衡含湿量的平均值为 $1.312\text{kg}\cdot\text{kg}^{-1}$，标准差为 $0.028\text{kg}\cdot\text{kg}^{-1}$。因第四次测试结果($1.27\text{kg}\cdot\text{kg}^{-1}$)与平均值的偏离最大，因此为可疑值。计算得其 g_{min} 值为 1.51，小于 $n=5$ 时的临界值 1.67($\alpha=0.05$)，因此不是异常值。

3.2.3　Dixon 检验法

使用 $3s$ 检验法或 Grubbs 检验法进行异常值检验时，均需先求出标准差，在计算上较为烦琐。采用 Dixon 检验法则可以更为简便地得到严密的结果。首先将所有测试结果按大小排列，即 $x_1 \leqslant x_2 \leqslant \cdots \leqslant x_{n-1} \leqslant x_n$，然后按表 3-2 计算统计量，并与选定显著性水平下的统计量临界值进行比较。若计算所得统计量小于临界值，则可疑数不是异常值；反之则为异常值。

表 3-2　Dixon 检验的统计量和临界值

n	统计量		临界值	
	检验 x_1	检验 x_n	$\alpha=0.05$	$\alpha=0.01$
3			0.941	0.988
4			0.765	0.889
5	$\dfrac{x_1-x_2}{x_1-x_n}$	$\dfrac{x_n-x_{n-1}}{x_n-x_1}$	0.642	0.780
6			0.560	0.698
7			0.507	0.637
8			0.554	0.683
9	$\dfrac{x_1-x_2}{x_1-x_{n-1}}$	$\dfrac{x_n-x_{n-1}}{x_n-x_2}$	0.512	0.635
10			0.477	0.597
11			0.576	0.679
12	$\dfrac{x_1-x_3}{x_1-x_{n-1}}$	$\dfrac{x_n-x_{n-2}}{x_n-x_2}$	0.546	0.642
13			0.521	0.615
14			0.546	0.641
15			0.525	0.616
16			0.507	0.595
17	$\dfrac{x_1-x_3}{x_1-x_{n-2}}$	$\dfrac{x_n-x_{n-2}}{x_n-x_3}$	0.490	0.577
18			0.475	0.561
19			0.462	0.547
20			0.450	0.535

例 3-4

试用 Dixon 检验法判断例 3-3 中是否存在异常值(取显著性水平 α =0.05)。

解:第四次测试结果(1.27kg·kg^{-1})与平均值的偏离最大,因此为可疑值。计算得其统计量为 $(1.27-1.30)/(1.27-1.34)\approx0.429$,小于临界值 0.642(α =0.05),因此不是异常值(判断结果与 Grubbs 检验法相同)。

3.2.4   Pearson-Stephens 检验法

Grubbs 检验法和 Dixon 检验法仅适用于最小值或最大值中只有一个数为可疑值的情况,即一次只能判断一个异常值。当二者都为可疑值时,可采用 Pearson-Stephens 检验法。该法以极差(R)和标准差之比为统计量:

$$\frac{R}{s} = \frac{x_{\max} - x_{\min}}{\sqrt{\dfrac{\sum\limits_{i=1}^{n}(x_i - \overline{x})^2}{n-1}}} \tag{3-9}$$

然后将统计量 R/s 与表 3-3 中的临界值进行比较。当统计量大于所选显著性水平的临界值时,二者都可能为异常值,然后结合 Grubbs 检验法等方法进一步判断。

表 3-3   Pearson-Stephens 检验的临界值

n	α		n	α	
	0.05	0.01		0.05	0.01
3	2.00	2.00	9	3.55	3.72
4	2.43	2.45	10	3.69	3.88
5	2.75	2.80	15	4.17	4.44
6	3.01	3.10	20	4.49	4.80
7	3.22	3.34	25	4.71	5.06
8	3.40	3.54	30	4.89	5.26

例 3-5

测得某多孔建筑材料 8 个试件的吸水系数分别为 $0.52\text{kg·m}^{-2}\text{·s}^{-0.5}$、$0.61\text{kg·m}^{-2}\text{·s}^{-0.5}$、$0.53\text{kg·m}^{-2}\text{·s}^{-0.5}$、$0.55\text{kg·m}^{-2}\text{·s}^{-0.5}$、$0.51\text{kg·m}^{-2}\text{·s}^{-0.5}$、$0.43\text{kg·m}^{-2}\text{·s}^{-0.5}$、$0.49\text{kg·m}^{-2}\text{·s}^{-0.5}$ 和 $0.50\text{kg·m}^{-2}\text{·s}^{-0.5}$。试判断是否存在异常值(取显著性水平 α =0.05)。

解:计算可得吸水系数的平均值 $0.518\text{kg·m}^{-2}\text{·s}^{-0.5}$,标准差为 $0.051\text{kg·m}^{-2}\text{·s}^{-0.5}$。第二次测试结果($0.61\text{kg·m}^{-2}\text{·s}^{-0.5}$)和第六次测试结果($0.43\text{kg·m}^{-2}\text{·s}^{-0.5}$)均为可疑值,因此用 Pearson-Stephens 检验法进行检验。计算可得极差与标准差之比为 $(0.61-0.43)/0.051\approx3.53$,大于 n=8 时的临界值 3.40(α =0.05),因此两次测试结果均可能为异常值。

由于第二次测试结果与平均值的离差更大，因此先用 Grubbs 检验法对其进行检验。计算得其 g_{max} 值为 1.80，小于 $n=8$ 时的临界值 2.03（$\alpha=0.05$），故不是异常值。第六次测试的结果与平均值的离差小于第二次测试结果与平均值的离差，因此也不是异常值。

3.3　两种假设检验

在多孔建筑材料湿物理性质的测试中，常需要对测试结果进行对比以验证是否存在差异。下面介绍两种常用的假设检验方法。

3.3.1　独立样本 t 检验

当存在两组相互独立的数据，希望对平均值进行比较时，可以采用独立样本 t 检验。记第一组数据的个数为 n_1、平均值为 $\bar{x}_1$、标准差为 s_1；第二组数据的个数为 n_2、平均值为 $\bar{x}_2$、标准差为 s_2。首先通过 F 检验判定两组数据的方差是否齐性：

$$F = \frac{\max(s_1^2, s_2^2)}{\min(s_1^2, s_2^2)} \tag{3-10}$$

当 F 小于所选显著性水平的临界值（附录 3）时，表明两组数据的方差齐性，可以计算联合标准差 s_p：

$$s_p = \sqrt{\frac{(n_1-1)s_1^2 + (n_2-1)s_2^2}{n_1+n_2-2}} \tag{3-11}$$

进而计算统计量 t：

$$t = \frac{|\bar{x}_1 - \bar{x}_2|}{s_p}\sqrt{\frac{n_1 n_2}{n_1+n_2}} \tag{3-12}$$

当 t 大于所选显著性水平的临界值（附录 4）时，表明两组数据的平均值存在统计学差异，反之则没有统计学差异。

例 3-6

两人分别对某多孔建筑材料的密度进行了测试。甲所测 5 个试件的结果分别为 278kg·m^{-3}、266kg·m^{-3}、272kg·m^{-3}、276kg·m^{-3} 和 283kg·m^{-3}，乙所测 7 个试件的结果分别为 254kg·m^{-3}、262kg·m^{-3}、258kg·m^{-3}、255kg·m^{-3}、251kg·m^{-3}、260kg·m^{-3} 和 257kg·m^{-3}。试判断两人的测试结果有无统计学差异（取显著性水平 $\alpha=0.05$）。

解：计算可得甲测试结果的平均值为 275.0kg·m^{-3}，标准差为 6.4kg·m^{-3}；乙测试结果的平均值为 256.7kg·m^{-3}，标准差为 3.7kg·m^{-3}。首先计算 F 值，为 $6.4^2/3.7^2 \approx 2.99$，小于临界值 $F_{(0.05,4,6)}=4.53$，表明两人测试结果的方差齐性，即数据来自同一样本。然后计算得到联合标准差 $s_p=4.97$，最后得到 $t=6.28$。当自由度为 $5+7-2=10$ 时，对应显著性水平 $\alpha=0.05$ 的双侧 t 临界值为 2.23，小于计算所得 t 值，因此两人的测试结果有统计学差异。

3.3.2　配对样本 t 检验

当两组测试只有一个条件发生变化而其他条件都保持不变时，可通过配对样本 t 检验对两组测试的平均值加以比较，分析发生改变的条件是否对测试结果产生了影响。记第一组数据为 $x_1, x_2, \cdots, x_n$，第二组数据为 $y_1, y_2, \cdots, y_n$。先计算配对差值 $D_1=x_1-y_1, D_2=x_2-y_2, \cdots, D_n=x_n-y_n$，然后计算配对差值的平均值 $\bar{D}$ 和标准差 s_D，最后计算统计量 $t_{\bar{D}}$：

$$t_{\bar{D}} = \sqrt{n}\,\frac{\bar{D}}{s_D} \tag{3-13}$$

然后进行 t 检验。

例 3-7

某多孔建筑材料 5 个试件的孔隙率测试结果分别为 0.33、0.35、0.32、0.30 和 0.34。经过憎水处理后，再次对其孔隙率进行测试，对应试件的结果变为 0.32、0.33、0.33、0.29 和 0.32。试判断憎水处理是否影响了孔隙率(取显著性水平 $\alpha=0.05$)。

解：首先计算配对差值，分别为 0.01、0.02、-0.01、0.01 和 0.02。然后计算得到配对差值的平均值 $\bar{D}=0.010$，标准差 $s_D=0.012$。最后得到统计量 $t_{\bar{D}}=1.83$。当自由度为 $5-1=4$ 时，对应显著性水平 $\alpha=0.05$ 的 t 临界值为 2.78，大于计算所得 t 值，因此憎水处理没有减小孔隙率。

3.4　三种典型误差

3.4.1　三种典型误差的基本概念

影响多孔建筑材料湿物理性质测试结果的因素很多。最常见的影响因素是材料的不均一性。材料的不均一性与其自身材质和加工工艺密切相关。例如，硅钙板的不均一性往往小于混凝土；工厂流水线生产的混凝土试件的不均一性往往小于手工制样得到的混凝土试件的不均一性。

除材料的不均一性外，其他因素也会对测试结果产生影响，如测试人员、使用的仪器设备、仪器设备的校准、环境条件控制(如温湿度等)以及不同测试的时间间隔等[111]。此外，测试的操作步骤也会对结果产生影响，但在研究某一固定测试方法时可以不予考虑。如果上述因素尽可能保持不变，即同一位测试人员在固定的环境条件下使用相同的仪器设备对材料进行快速地重复测试，则测试结果的标准差称为重复性误差($e_{repeatability}$)；如果上述因素均发生明显变化，则称为再现性误差($e_{reproducibility}$)[111]。显然，重复性误差和再现性误差是随机误差的两种极端形式。

在研究某种实验方法的可靠程度时，常召集若干实验室采用该方法，对同一批次的材料进行测试，进而分析测试结果，此即联合对比测试。在进行实验室间的联合对比测试时，需要综合考虑测试对象、环境、方法等各种因素，具体设计和分析可参照 ASTM C802[112]等标准进行。

关于建筑材料的湿物理性质，国际上较为有名的联合对比测试包括 Nordtest Technical Report 367[113]、CEC BCR Report EUR 14349 EN[114]、Nordtest 1529-01[115]、BYG·DTU R-126[116]、EC HAMSTAD 项目[68]、IEA Annex 41 项目[117]、中欧九国联合对比测试项目[118]等。整体而言，这些联合对比测试项目的结果表明，对相同材料的同一湿物理性质进行测试时，不同实验室所得结果的差异可能高达 30%～50%，甚至 1～2 个数量级，且湿传递性质的测试误差普遍大于湿储存性质的测试误差；但对实验步骤和数据处理的各个细节进行细致规定并严格执行后，差异可显著减小。

在对不同实验室联合对比测试的结果进行分析时，可根据不同的分析角度采用适当的统计学方法，在此介绍其中一种较为简便可靠的方法。记测试的系统误差和随机误差分别为 $e_{systematic}$ 和 e_{random}，则测试结果可表示为

$$x = x_{true}(或 x_{ref}) + e_{systematic} + e_{random} \tag{3-14}$$

多孔建筑材料湿物理性质的真值通常未知，且测试的系统误差也难以衡量，因此在分析测试结果时，一般以随机误差为主。当涉及多个实验室时，测试结果的随机误差可表示为

$$e_{random} = e_{material} + e_{within} + e_{between} \tag{3-15}$$

式中，$e_{material}$ 为材料的不均一性误差；e_{within} 为实验室内误差；$e_{between}$ 为实验室间误差，如图 3-4 所示。

在重复性条件下，e_{within} 即为 $e_{repeatability}$，而 $e_{material}$ 可以对多个试件进行测试得到。在此基础上，可以根据联合对比测试中不同实验室的结果得到 $e_{between}$，并最终求取 $e_{reproducibility}$。下面根据 ISO 5725-2 标准[111]及其实际应用[43]，介绍如何进行计算。

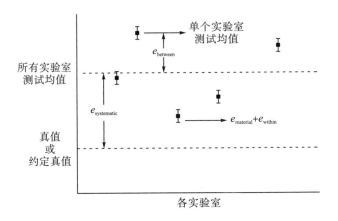

图 3-4　不同实验室的误差

3.4.2　三种典型误差的计算方法

材料误差、重复性误差和再现性误差均为随机误差，既可以表示为标准差，也可以表示为相对标准差(relative standard deviation，rs，即标准差除以平均值；也称为变异系数)。考虑到进行横向比较和分析的便利性[119]，此处采用相对标准差，分别记为 $\mathrm{rs}_{material}$、$\mathrm{rs}_{repeatability}$ 和 $\mathrm{rs}_{reproducibility}$。为方便表述，记第 k 个实验室对试件 i 的第 j 次重复性测试结果为 $x_{i,j}^{k}$，且 i、j 和 k 的取值范围满足

$$i \in [1, p], j \in [1, q], k \in [1, r] \tag{3-16}$$

需要注意的是，p 和 q 的取值对不同的实验室可以不同。此外，做以下规定。

(1)平均值、标准差和相对标准差分别用￣、s 和 rs 表示。

(2)括号中的字母表示运算的因子。例如，$\overline{x_{i,j}^{1}}(j)$ 即为重复性测试(字母 j)的平均值。

(3)若括号中有多个字母，则其排列顺序对应运算的顺序。例如，$\mathrm{rs}_{\overline{x_{i,1}^{k}}}(i,k)$ 表示先对多个试件的测试结果取平均值(字母 i)，然后对所有实验室的测试结果取相对标准差(字母 k)。

材料误差和重复性误差均可通过重复性测试得到。对唯一实验室有 $r=k=1$，故可将单个试件的测试结果表示为 $x_{i,j}^{1}$。详细的计算步骤如图 3-5 所示。

再现性误差的计算同时需要重复性测试的结果和联合对比测试的结果。在联合对比测试中一般不会进行重复性测试，因此有 $q=j=1$，故可将不同实验室的测试结果表示为 $x_{i,1}^{k}$。与材料误差和重复性误差相比，再现性误差的计算更为复杂，详见图 3-6。

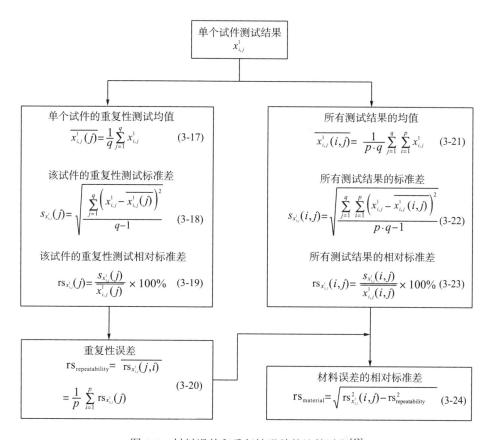

图 3-5　材料误差和重复性误差的计算过程[43]

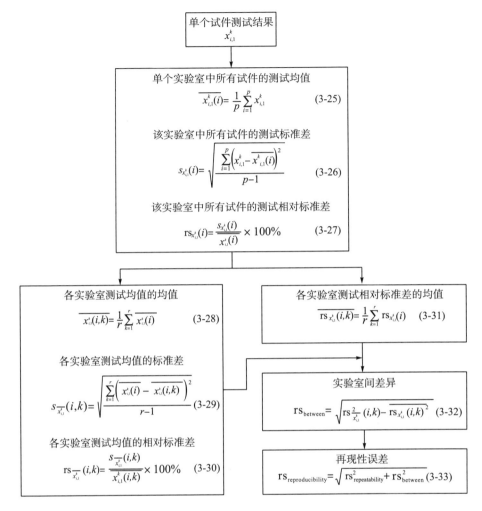

图 3-6　再现性误差的计算过程[43]

3.4.3　实验室间联合对比测试实例

下面以中欧九国联合对比测试为例，简单介绍联合对比测试项目的展开与误差分析。中欧九国联合对比测试[118]由比利时荷语鲁汶大学（KU Leuven）于 2017 年底发起，持续时间为 2018～2019 年。包括葡萄牙波尔图大学（University of Porto）、波兰罗兹技术大学（Łódź University of Technology）、英国爱丁堡大学（University of Edinburgh）、德国德累斯顿工业大学（Technische Universität Dresden）、瑞典隆德大学（Lund University）、丹麦技术大学（Technical University of Denmark）和捷克技术大学（Czech Technical University in Prague）在内的 7 所欧洲著名高校以及中国建筑科学研究院有限公司均自愿自费参与。此外，英国思克莱德大学(University of Strathclyde)对材料的元素成分进行了分析。

　　该联合对比测试项目以化学性质稳定且来自同一生产批次的陶瓷砖为对象。各实验室均采用真空饱和实验、毛细吸水实验和水蒸气渗透实验，测试该材料的密度、孔隙率、吸水系数、毛细含湿量和水蒸气渗透系数。对比测试共分两轮，第一轮各实验室采用自己常规的实验操作步骤和数据处理方法，第二轮则严格遵照本项目规定的实验操作步骤和数据处理方法。由于此项目选用的陶瓷砖与前序研究[43]中所用的陶瓷砖相同，因此不再进行重复性实验，而直接采用已有的材料误差和重复性误差。

　　图 3-7～图 3-9 分别展示了两轮联合对比测试中真空饱和实验、毛细吸水实验和水蒸气渗透实验的各项误差[118]。整体而言，不同实验室在按照各自惯例进行真空饱和实验及毛细吸水实验时，所得结果的差异较小(再现性误差不超过 10%)，

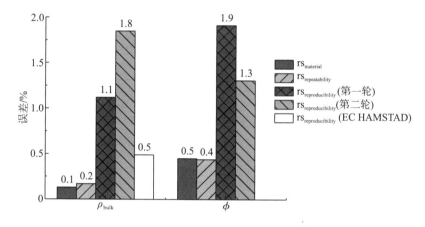

图 3-7　中欧九国联合对比测试项目的真空饱和实验误差分析[118]

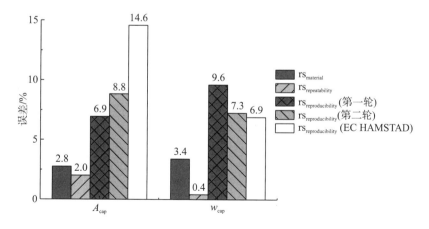

图 3-8　中欧九国联合对比测试项目的毛细吸水实验误差分析[118]

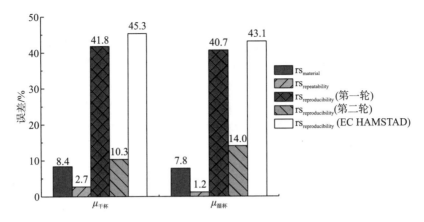

图 3-9　中欧九国联合对比测试项目的水蒸气渗透实验误差分析[118]

且吸水系数的一致性较 EC HAMSTAD 项目有明显提高；但各实验室间水蒸气渗透实验结果的差异仍非常明显。当采用联合对比测试项目规定的实验操作步骤和数据处理方法时，水蒸气渗透实验的再现性误差由原本的超过 40% 大幅下降至 15% 以下，表明对较为复杂、影响因素较多的实验而言，严格、细致的规定对减小误差有重要意义。

3.5　回　归　分　析

3.5.1　最小二乘法原理

多孔建筑材料湿物理性质的测试结果常为离散的数据点，含有两个甚至多个变量。其中引起变化的变量称为自变量，受影响的变量则称为因变量。为便于使用或分析，往往需要寻找自变量和因变量之间的函数关系，这一过程即回归分析。例如，通过等温吸放湿实验可以获得不同相对湿度下材料的平衡含湿量；若以环境的相对湿度为自变量、材料的平衡含湿量为因变量，则可通过回归分析拟合得到平衡含湿量随相对湿度变化的曲线，即等温吸放湿曲线。又如，在毛细吸水实验的第一阶段，单位底面积试件的吸水量会随着时间的推移而不断增大；通过回归分析可将吸水量与时间的关系量化，从而得到材料的吸水系数。

回归分析通常遵照最小二乘原理进行，本节对其基本思想加以简单介绍。按照涉及的自变量数量，回归分析可以分为一元回归分析(即只有一个自变量)和多元回归分析(有多个自变量)；按照自变量和因变量之间的关系，回归分析可以分为线性回归分析(自变量和因变量呈线性关系)和非线性分析(自变量和因变量呈非线性关系)。需要特别注意的是，严格意义上最小二乘法应在测试的误差无偏(无系统误差)、符合正态分布以及相互独立的条件下使用。对于多孔建筑材料的湿物理性质测试而言，一般情况下都可以近似采用。

以最简单的一元线性回归为例，其函数表达式为

$$y = f(x) = kx + b \tag{3-34}$$

式中，k 为直线的斜率；b 为直线的截距。二者均为待求的未知数。

现假定通过测试得到了若干组 (x, y) 的值，即得到了如下方程组：

$$\begin{cases} y_1 = kx_1 + b \\ y_2 = kx_2 + b \\ \cdots \\ y_n = kx_n + b \end{cases} \tag{3-35}$$

显然，若 $n=1$，则方程组 (3-35) 有无穷多个解；若 $n=2$，则方程组 (3-35) 有唯一解；若 $n>2$，则任取两个方程均可求得 k 和 b 的值。对于 $n>2$ 的情况，当测试绝对准确、不存在任何误差时，取任意两个方程求解所得结果均应相同；但误差必然存在，因此无法直接用代数方法求解方程组 (3-35)。为了充分利用各组测试结果，对 k 和 b 的值进行最佳估计，不妨先假定 k 和 b 的值已知。此时记通过方程 (3-34) 在各测试的 x 值下计算得到的值为 $\hat{y}$，即可得方程组：

$$\begin{cases} \hat{y}_1 = kx_1 + b \\ \hat{y}_2 = kx_2 + b \\ \cdots \\ \hat{y}_n = kx_n + b \end{cases} \tag{3-36}$$

然后以 $\hat{y}$ 为真值，计算测试结果与它的残差 ν：

$$\begin{cases} \nu_1 = y_1 - \hat{y}_1 \\ \nu_2 = y_2 - \hat{y}_2 \\ \cdots \\ \nu_n = y_n - \hat{y}_n \end{cases} \tag{3-37}$$

若根据假定的 k 和 b 计算得到的结果接近各测试结果，则各组残差应较小，看似可以用式 (3-38) 求残差和。

$$\sum_{i=1}^{n} \nu_i = \nu_1 + \nu_2 + \cdots + \nu_n \tag{3-38}$$

但随机误差具有对称性和抵偿性，导致 ν 值可正可负，且会互相抵消，因此不宜直接对残差进行求和。如图 3-10 所示，根据各直线计算得到的残差和始终接近 0，从而导致 k 和 b 难以精确取值。

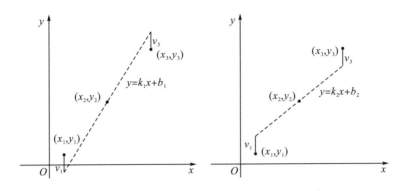

图 3-10　拟合直线与残差

为解决这一问题，可以采用式(3-39)，对残差先求平方后再相加。通过不断调整 k 和 b 的取值，使残差平方和最小，得到最接近测试结果的直线，即 k 和 b 的最佳估计值。由于平方俗称"二乘"，因此上述方法称为"最小二乘法"。

$$\sum_{i=1}^{n} v_i^2 = v_1^2 + v_2^2 + \cdots + v_n^2 \tag{3-39}$$

需要指出的是，式(3-39)将各残差的平方直接相加，也即各项的权重均为 1，这主要适用于等精度测试。在不等精度测试中，可以先对各残差平方赋予不同的权重值后再相加。此外，实验过程必然存在误差，因此仅进行两组测试后通过代数方法求解方程组(3-35)得到的 k 和 b 一般不如通过多组测试后通过最小二乘法得到的 k 和 b 准确。推而广之，在实验设计中，通常应安排多于待定未知数个数的测试，以提高最终拟合结果的精度。

上文以一元线性回归为例，简要介绍了最小二乘法的核心思想。对于多元或非线性的情况，其计算虽然更为复杂，但目标都是使拟合函数尽可能地接近整体的测试结果。根据最小二乘法进行回归分析时，人工计算量往往较大，因此目前一般借助计算机软件进行。Excel、SPSS、MATLAB、Origin 等许多软件均有此功能。

3.5.2　判定系数

依据最小二乘法的原理，即使自变量和因变量之间不存在任何关系，仍然可以从杂乱分布的散点中拟合得到残差平方和最小的直线或曲线(甚至曲面)。但这样的拟合结果没有任何价值。为判断拟合结果是否有意义，需要回答两个问题：一是拟合结果是否反映了自变量和因变量间的客观规律；二是利用拟合函数进行预测时精度是否够高。

针对上述问题，可以采用方差分析法，用 F 检验对拟合函数进行显著性检验，或用 t 检验对回归系数进行显著性检验等。需要注意的是，对于一元线性回归，F 检验和 t 检验是等价的；对于多元线性回归，F 检验和 t 检验的关注点不同，不能相互替代。上述两种方差分析的具体原理和计算方法可以参考数理统计方面的资料，本书在此仅介绍一种通过判定系数来判断拟合模型有效性的简便方法。

记通过测试得到若干组 (x, y) 的值中因变量的算术平均值为 $\bar{y}$，则所有测试值与算术平均值的离差平方和 S 为

$$S = \sum_{i=1}^{n} (y_i - \bar{y})^2 \tag{3-40}$$

然后计算所有测试结果与通过拟合函数预测结果的残差平方和 Q 为

$$Q = \sum_{i=1}^{n} (y_i - \hat{y}_i)^2 \tag{3-41}$$

通过二者的比值，可以判断拟合模型的有效程度

$$R^2 = 1 - \frac{Q}{S} = 1 - \frac{\sum\limits_{i=1}^{n}(y_i - \hat{y}_i)^2}{\sum\limits_{i=1}^{n}(y_i - \bar{y})^2} \tag{3-42}$$

式中，R^2 为判定系数或决定系数。其值为 0～1，越接近 1 说明模型越有效，而越接近 0 则说明模型越无效。

需要注意的是，R^2 不能进行统计检验，因此只能进行粗略的判断。此外，随着自变量个数的增加，R^2 会不断趋近于 1，因此可以对其进行修正，以排除自变量个数的影响。

$$R_{\text{adj}}^2 = 1 - \frac{\left(1 - R^2\right)\left(n - 1\right)}{n - p - 1} \tag{3-43}$$

式中，R_{adj}^2 为修正判定系数；n 为样本数量，即测试数据的个数；p 为特征数，即自变量的个数。R_{adj}^2 的值始终小于 R^2，但由于排除了自变量个数的影响，因此更加可靠。

例 3-8

某试件在毛细吸水的第一阶段中，单位底面积吸水量随着时间的变化如下表所示。试用线性回归方法计算该试件的吸水系数。

时间/min	1	2	3	5	10	15	20
单位底面积吸水量/(g·cm^{-2})	0.19	0.37	0.66	0.91	1.35	1.97	2.50

解：首先将时间单位转换为 s 并求取平方根，将单位底面积吸水量的单位转换为 $kg \cdot m^{-2}$。然后以时间的平方根为自变量，单位底面积的吸水量为因变量，进行一元线性回归分析，可得如下拟合方程：

$$y = 0.8355x - 5.1827$$

其判定系数和修正判定系数分别为 0.9873 和 0.9847，均接近 1，说明拟合模型的有效性较高。根据吸水系数的物理定义，直线的斜率即为该试件的吸水系数，为 $0.8355 kg \cdot m^{-2} \cdot s^{-0.5}$。

第4章 试件的尺寸测量、干燥与称重

所有的多孔建筑材料湿物理性质实验都涉及试件的尺寸测量、干燥与称重。这三项基本测量操作看似简单，但都可能引入较大误差，从而对湿物理性质的测试结果产生明显影响。本章介绍对试件进行尺寸测量、干燥与称重的基本操作和注意事项。

4.1 试件的尺寸测量

在多孔建筑材料湿物理性质的测试中，常用的试件形状为立方体或圆柱体，尺寸一般为数毫米到数十厘米。通常情况下，立方体需测量长、宽和高三个尺寸，而圆柱体需测量直径和高两个尺寸。下面给出一些基本原则。

(1)多孔建筑材料存在热胀冷缩现象，一般应在室温(20～25℃)下进行测量。

(2)多孔建筑材料存在干缩和湿胀现象，一般应对干燥或含湿量较低的试件进行测量。

(3)测量时一般应使用游标卡尺(图 4-1)并定期校准，读数精确到 0.01mm。如果需要放宽或严格测量精度，可根据实际情况选用直尺或千分尺(螺旋测微器)。

| (a)普通游标卡尺 | (b)数显游标卡尺 |

图 4-1 游标卡尺

(4)对于立方体试件，长、宽、高三个方向上的尺寸均应在不同部位各测量至少 4 次并取平均值，如图 4-2 所示。

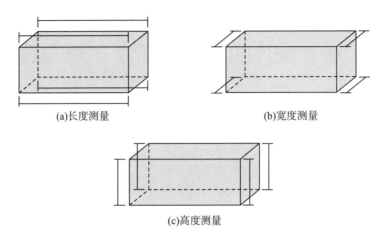

图 4-2　立方体试件的尺寸测量

(5)对于圆柱体试件，直径和高度(厚度)两个方向上的尺寸均应在不同部位各测量至少 4 次并取平均值，如图 4-3 所示。

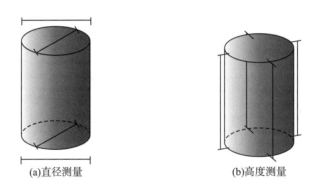

图 4-3　圆柱体试件的尺寸测量

(6)当某个方向上的尺寸较小时，其正交方向上的尺寸可只测量 2 次后取平均值。例如，当圆柱体试件较矮而呈饼状时，其直径可只测量 2 次。

4.2　试件的干燥

干燥的准确程度直接影响着多孔建筑材料含湿量及湿物理性质测试的可靠性，因此需要特别重视。多孔建筑材料中的水分能够以游离水、物理结合水和化学结合水三种形式存在。例如，饱和或接近饱和的多孔建筑材料中含

有大量能自由移动的液态水，即游离水；以单分子或多分子层的形式吸附于
材料孔隙表面的水分则是典型的物理结合水；化学结合水多以结晶水等形式
存在，如二水硫酸钙($CaSO_4 \cdot 2H_2O$)或半水硫酸钙($CaSO_4 \cdot 0.5H_2O$)形式的石膏
中所含的结晶水。对多孔建筑材料进行干燥的目的是去除材料中的游离水和
物理结合水，常见的方法是在室温下使用干燥剂进行干燥，或者加热烘干
(图 4-4、表 4-1)。

(a)真空干燥箱

(b)室内空气源烘箱

(c)干空气源烘箱

(d)真空+干燥剂干燥装置

图 4-4   几种常见的干燥设备

由于干燥时温度较低，干燥剂法通常不会引起材料发生化学变化或不可逆的
结构变化。因此，许多学者推荐该方法为标准干燥方法，尤其针对有化学结合水
的材料[120,121]。然而，常压下的干燥剂法通常需要耗费数周甚至数月才能完全除
去材料中的游离水和物理结合水。为提高干燥效率，可降低容器内的气压到接近
真空。但这需要较复杂的仪器设备，且仍需耗时数周。此外，受容器尺寸限制，
干燥剂法能处理的试件大小有限。

表 4-1　几种常见的干燥方法[122]

	干燥剂法		烘干法			
温度	室温(20～25℃)		65～70℃		105℃	
气压	常压	<100Pa	常压			
空气源	—		室内空气	干空气	室内空气	干空气
相对湿度①/%	1～2	<1	3～4	≈0	1～2	≈0
耗时②	数周～数月	2～3 周	数天～1 周			
破坏性	一般不会引起材料发生化学变化或不可逆结构变化		有一定可能会引起某些材料发生化学变化或不可逆结构变化		有较大可能会引起某些材料发生化学变化或不可逆结构变化	

注：①采用室内空气源的烘箱内部相对湿度因室内空气温湿度的不同而有一定差异；②干燥耗时因试件的尺寸和初始含湿量而异，表中以 1cm 厚的非浸水试件为例，为大致时间。

与干燥剂法相比，更常用、更高效的干燥方法是加热烘干法，但过高的烘干温度不仅可能引起化学变化，也可能破坏材料的结构[123-126]。为此，ISO 12570 标准[127,128]推荐了三个烘干温度：105℃、70℃(后修改为 65℃)和 40℃(表 4-2)。然而，ISO 12570 标准无法详细给出所有多孔建筑材料最适宜的烘干温度，只能按照材料受温度的影响提供大致的建议。不同操作者对材料性质的判断有所差异，因此可能对同一种材料选择不同的烘干温度[68,129,130]。综合来说，使用 65～70℃的烘干温度，并采用干空气源或降低烘箱内的气压，是适用于大多数多孔建筑材料的干燥方法。

表 4-2　不同多孔建筑材料适用的烘干温度[127,128]

材料特性	代表性材料	烘干温度/℃
结构在 105℃下不发生变化	某些矿质材料	105±2
在高于 70℃(65℃)时结构可能发生变化	某些多孔塑料	70±2(65±2)
较高温度会破坏结晶水	石膏	40±2

4.3　试件的称重

称重是多孔建筑材料湿物理性质测试中最基本的操作之一。为保证测试精度，称重所用天平的分辨率应尽量达到所称质量的 0.01%，不宜低于 0.1%。

在称重的过程中，若试件表面的水蒸气分压力和环境空气中的水蒸气分压力不等，则试件和环境空气之间会发生湿交换。两种常见的情况是：较潮湿的材料在称重过程中向空气释放水分，以及较干燥的材料从空气中吸收水蒸气。对于前一种情况，因为此时材料的含湿量较大，而试件在短时间内的散湿量有限，因此其所受影响相对较小。对于后一种情况，可以先根据材料在吸湿区间内的吸湿能力将其分为强吸湿材料和弱吸湿材料。例如，混凝土、硅钙板等孔隙较小的材料从空气中吸收水蒸气的能力较强，是典型的强吸湿材料；而烧结黏土砖、岩棉等孔隙较大的材料吸湿能力有限，是典型的弱吸湿材料。一般情况下，弱吸湿材料所受影响可以忽略，而强吸湿材料则需要重视。

在普通实验室中，常用的称重方法是直接称重法和密封称重法。前者直接将试件从原位置取出，放在天平上读数。这是最常见的称重方法，具有方便、快捷的特点，在试件较大、较重或试件和环境空气的水蒸气分压力接近时，误差可以忽略。后者先将试件密封在称量瓶或培养皿等不吸湿的容器里（图 4-5），然后将其转移至天平附近后取出称重，或直接将试件连同密封容器一起称重后再修正容器的质量。密封称重法旨在缩短试件与环境空气的接触时间，乃至隔绝试件与环境空气的接触；其操作性和可靠程度都较高，是 ISO 12571 标准[131]和 ASTM C1498-04a 标准[132]共同推荐的方法。但受试件尺寸的限制，并非所有试件都能放入合适的密封容器内。

(a)放有单个试件的称量瓶

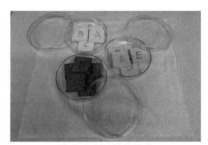
(b)放有多个试件的培养皿

图 4-5　密封称重法

除直接称重法和密封称重法外，还可以采用环境调节称重法，即营造特别的称重环境，使空气的水蒸气分压力与试件表面的水蒸气分压力接近乃至相等。理论上，该方法彻底避免了试件与环境空气的湿交换，因此结果最为准确。但营造特定湿度的称重环境需要较为复杂的仪器设备，而且需要预知试件表面的水蒸气分压力，因此该方法并不常用。

在无法采用环境调节称重法对试件进行称重，但又对称重结果的精度要求非常高时，可以采用线性修正称重法。该方法将试件一直置于天平上，每隔一段时间记录读数，然后用线性修正的方法估算得到初始时刻的读数。线性修正称重法最早由 Richards 等[120]提出，用于干燥器法测量多孔建筑材料等温吸放湿曲线，并推广至其他称重过程。线性修正法假定试件因湿交换造成的湿重 m_{wet}(kg) 变化与时间 τ(s) 呈线性关系

$$m_{wet}\left(\tau\right) = \beta \cdot A \cdot \Delta p_v \cdot \tau + m_{dry} \tag{4-1}$$

式中，β 为表面传质系数，$kg \cdot m^{-2} \cdot s^{-1} \cdot Pa^{-1}$；$A$ 为表面积，m^2；Δp_v 为材料表面与周围空气的水蒸气分压力差，Pa。将拟合结果倒推至 τ=0 时刻，即可得到试件的干重 m_{dry}(kg)。

有学者将加气混凝土、硅钙板和烧结黏土砖制成 12cm×8cm×4cm 和 5cm×5cm×1cm 两种尺寸的试件，烘干后以 20s 的间隔进行 2min 的连续称重，并假定环境空气温度和相对湿度分别为 23℃和 55%，通过线性修正法计算表面传质系数，结果见表 4-3[122,133]。

表 4-3　线性修正法得到的吸湿速率和表面传质系数[122,133]

材料	大试件（12cm×8cm×4cm）			小试件（5cm×5cm×1cm）		
	吸湿速率/$(g \cdot m^{-2} \cdot s^{-1})$	表面传质系数/$(10^{-8}kg \cdot m^{-2} \cdot s^{-1} \cdot Pa^{-1})$	R^2	吸湿速率/$(g \cdot m^{-2} \cdot s^{-1})$	表面传质系数/$(10^{-8}kg \cdot m^{-2} \cdot s^{-1} \cdot Pa^{-1})$	R^2
加气混凝土	$1.76×10^{-2}$	1.10	>0.99	$1.78×10^{-2}$	1.11	0.96
硅钙板	$1.35×10^{-2}$	0.85	>0.99	$1.72×10^{-2}$	1.08	0.95
烧结黏土砖	$1.30×10^{-4}$	0.008	—	$2.04×10^{-3}$	0.13	0.60

从表 4-3 可见，无论加气混凝土和硅钙板等强吸湿材料的尺寸如何，线性修正法拟合的判定系数都非常接近 1，且最后所得的表面传质系数约为 $1×10^{-8}kg \cdot m^{-2} \cdot s^{-1} \cdot Pa^{-1}$，与 IEA Annex 41 项目中的理论值和实测值相符[117]。但对烧结黏土砖等弱吸湿材料而言，其拟合的判定系数远小于 1 或无法求得，且最后求算得到的表面传质系数比正常值低约 1 个数量级，显然存在特殊原因。

在较短的时间里，干燥试件对空气中水蒸气的吸收只涉及表层，因此可以按半无穷大物体内的传递过程加以分析，其解析解为[122]

$$p_v\left(0,\tau\right) = p_v\left\{1-\exp\left[\left(\frac{\beta\sqrt{D_v\tau}}{\delta_v}\right)^2\right] \cdot erfc\left(\frac{\beta\sqrt{D_v\tau}}{\delta_v}\right)\right\} \tag{4-2}$$

将环境条件与物性参数代入式(4-2)可得，加气混凝土和烧结黏土砖表面的水蒸气分压力 p_v(x=0，τ=120s) 分别为 360Pa 和 1080Pa。在假定的 23℃空气温度和 55%相对湿度下，空气中的水蒸气分压力约为 1740Pa。因此在线性修正结束时，加气混凝土与环境空气的水蒸气分压力差仍维持在初始状态的 80%，而烧结黏土砖已降至不足 40%。换言之，因为强吸湿材料的湿容较大，因此干燥试件在吸收了少量的水分后，对应的表面水蒸气分压力并不会明显升高；而弱吸湿材料的湿容较小，试件吸收的少量湿分将会引起表面水蒸气分压力的迅速上升，从而 Δp_v 明

显减小，导致吸湿速率减缓。上述计算假定了试件和环境空气的温度都恒定为 23℃，忽略了实际过程中烘箱中取出的高温试件与低温空气的热交换，因此并不非常准确，但已经证明了线性修正法主要适用于强吸湿材料。

需要特别说明的是，对弱吸湿材料而言，虽然线性修正法在理论上存在缺陷，但在实际称重过程中，线性修正法仍可进一步减小误差，故而仍不失为一种有效的近似方法。考虑到线性修正法称重及计算的烦琐，只在对称重结果要求极高的情况下才推荐采用此方法。

线性修正法不仅可用于确定试件初始时刻的质量，也可用于估算强吸湿材料采用直接称重法时的误差。以干燥试件为例，记其密度为 ρ_{bulk}（kg·m^{-3}）、体积为 V_{bulk}（m^3），则在称重时间段 τ 内从环境空气中吸收的水分引起的干重相对误差 $e_{relative}$ 为[133]

$$e_{relative} = \frac{\beta \cdot A \cdot \Delta p_v \cdot \tau}{\rho_{bulk} \cdot V_{bulk}} \tag{4-3}$$

在较短的称重时间内，干燥的强吸湿材料表面的水蒸气分压力变化不大，可假设恒定为 0Pa。仍假设环境空气温度和相对湿度分别为 23℃ 和 55%，表面传质系数 β 取 1×10^{-8}kg·m^{-2}·s^{-1}·Pa^{-1}。对单个试件而言，称重时长通常在 20s 左右。常见的多孔建筑材料密度一般为 300~2000kg·m^{-3}，尺寸为 1m×1m×1m 试件的比表面积 A/V_{bulk}=6m^{-1}，而 1cm×1cm×1cm 试件的比表面积 A/V_{bulk}=600m^{-1}，在此考虑 5~1000m^{-1} 的范围。将上述数值代入式(4-3)，可得图 4-6。

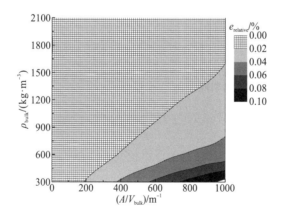

图 4-6　不同密度和比表面积的试件的干重称量相对误差[133]

从图 4-6 可知，试件的密度和比表面积对称重相对误差有明显影响，低密度材料的小试件对称重过程中的湿交换最敏感。然而，在许多实验中选用较小试件能显著加快实验速度，因此在试件尺寸的选择上需要进行综合考虑。

第 5 章　储湿性质测试实验

多孔建筑材料的储湿性质是进行热湿耦合分析必不可少的物性参数。本章详细介绍真空饱和实验、压汞实验、等温吸放湿实验、半透膜实验、压力平板/压力膜实验、悬水柱实验以及露点计实验的基本原理、操作步骤和数据处理方法，并通过实例加以说明。本章及第 6 章所有实验均应使用蒸馏水或去离子水，其电导率应小于 $1 \times 10^{-3} \mathrm{S} \cdot \mathrm{m}^{-1}$。

5.1　真空饱和实验

真空饱和实验可以测得多孔建筑材料的表观密度 ρ_{bulk}（$\mathrm{kg} \cdot \mathrm{m}^{-3}$）、骨架密度 ρ_{matrix}（$\mathrm{kg} \cdot \mathrm{m}^{-3}$）、（开孔）孔隙率 ϕ 和饱和含湿量 w_{sat}（$\mathrm{kg} \cdot \mathrm{m}^{-3}$）。

本实验主要参考 T/CECS 10203—2022[134]、ISO 10545-3[101]、ASTM C1699[135] 和 ASTM C642[136]等标准以及其他相关的研究[43,54,119,122]。

5.1.1　实验原理

液态水与多孔建筑材料的接触角一般小于 90°，因此可以自发地进入材料孔隙。若将试件中的空气全部排出后再浸入水中，则液态水可以在毛细压力的作用下填满试件中的全部开孔。

5.1.2　仪器装置

真空饱和实验的测试装置一般为自制，示意图和照片分别见图 5-1 和图 5-2。

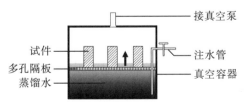

图 5-1　真空饱和实验装置示意图

(a)装置整体

(b)浸于水中的试件

图 5-2　真空饱和实验装置照片

5.1.3　操作步骤

(1)称取试件的干重 $m_{\text{dry}}(\text{kg})$。

(2)将试件放置在真空容器的多孔隔板上,降低容器内的气压至 2000Pa 以下,并保持 3h 以上。

(3)保持容器内的压力并缓慢注水。当液面接触到试件底部时,调节注水速度,使液面上升的速度保持在 $5\text{cm}\cdot\text{h}^{-1}$ 左右。当液面超过试件顶部 5cm 后停止注水。

(4)恢复容器内的压力至常压,保持试件浸水 24h 或更长时间。

(5)保持试件浸没在水中,用静水力天平称取试件的水下质量 $m_{\text{under}}(\text{kg})$。

(6)将试件从水中取出,用湿布或湿海绵擦去其表面的游离水,迅速称取试件在空气中的湿重 $m_{\text{wet}}(\text{kg})$。

5.1.4　数据处理

(1)饱和状态下试件中的湿分质量 $m_{\text{water}}(\text{kg})$ 为

$$m_{\text{water}} = m_{\text{wet}} - m_{\text{dry}} \tag{5-1}$$

(2)根据阿基米德原理,试件的表观体积 $V_{\text{bulk}}(\text{m}^3)$ 为

$$V_{\text{bulk}} = \frac{m_{\text{wet}} - m_{\text{under}}}{\rho_1} \tag{5-2}$$

(3)试件的表观密度 ρ_{bulk} 为

$$\rho_{\text{bulk}} = \frac{m_{\text{dry}}}{V_{\text{bulk}}} = \frac{m_{\text{dry}} \cdot \rho_1}{m_{\text{wet}} - m_{\text{under}}} \tag{5-3}$$

(4)饱和含湿量 w_{sat} 为湿分质量除以表观体积,即

$$w_{\text{sat}} = \frac{m_{\text{water}}}{V_{\text{bulk}}} = \frac{(m_{\text{wet}} - m_{\text{dry}}) \cdot \rho_1}{m_{\text{wet}} - m_{\text{under}}} \tag{5-4}$$

(5)孔隙率 ϕ 为开孔体积(即水分体积)除以表观体积,故有

$$\phi = \frac{m_{\text{water}}}{\rho_1 \cdot V_{\text{bulk}}} = \frac{m_{\text{wet}} - m_{\text{dry}}}{m_{\text{wet}} - m_{\text{under}}} \tag{5-5}$$

(6)骨架密度 ρ_{matrix} 则为试件干重除以骨架体积 V_{matrix}（m^3），

$$\rho_{\text{matrix}} = \frac{m_{\text{dry}}}{V_{\text{matrix}}} = \frac{m_{\text{dry}}}{V_{\text{bulk}} \cdot (1-\phi)} = \frac{\rho_{\text{bulk}}}{1-\phi} = \frac{m_{\text{dry}} \cdot \rho_1}{m_{\text{dry}} - m_{\text{under}}} \tag{5-6}$$

以上各式中，ρ_1 为液态水的密度，$kg \cdot m^{-3}$。

5.1.5 注意事项

(1)若试件吸水过程中会浮起，可以在上面放置重物。

(2)试件形状可以不规则，但尺寸不宜过大或过小，其体积建议控制在 10～500cm³。

(3)一般使用4～8个试件进行平行测试。

(4)ASTM C1699 标准[135]建议试件浸水时间不短于 3d，以使其充分吸水。但大量实际测试表明，对于尺寸较小的试件，数小时的浸水时间已经足够，因此 24h 的浸水时间能保证绝大多数情况下试件的开孔被水充分填满[122]。

(5)ASTM C1699 标准[135]建议试件浸水过程中仍需保持容器内的低压状态。但从实际经验来看，许多真空泵在本实验条件下持续运行会吸收大量水蒸气，导致故障发生。此外有研究表明，在试件浸水过程中，容器内保持低压或常压对测试结果并无明显影响[122]。

5.1.6 测试实例

某实验室在 21℃下进行了一次真空饱和实验，测得某多孔建筑材料制得的试件干重、湿重和水下质量分别为 43.89g、121.72g 和 26.28g，试计算该试件的表观密度和孔隙率。

解：该温度下液态水的密度为998kg·m⁻³。用式(5-3)和式(5-5)分别计算表观密度和孔隙率，结果分别为459.0kg·m⁻³和81.5%。

5.2 压汞实验

压汞实验常用于测量多孔建筑材料的比表面积、孔径分布等性质，所得结果经适当的数学处理后，可以得到始于饱和含湿量的放湿曲线。

本实验主要参考 ISO 15901-1[137]和 ASTM D4404[102]等标准以及其他相关的研究[138-141]。

5.2.1　实验原理

如图 5-3 所示，与液态水不同，水银与多孔建筑材料的接触角一般大于 90°，因此不能自发地进入材料孔隙。若先将试件中的空气全部排出并用水银将其包围，然后施以外部压力，则水银能在外部压力的作用下进入材料的孔隙(图 5-4)。随着外部压力的增大，进入材料孔隙内的水银逐渐增多，并且能进入的孔隙尺寸也更小，直至全部开孔被水银填满。

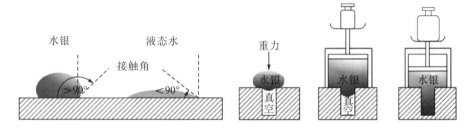

图 5-3　水银和液态水与材料的接触角　　图 5-4　水银在外力的作用下进入材料孔隙

5.2.2　仪器装置

压汞仪一般直接购买成品设备。目前市面上有多个厂家生产的各种型号，图 5-5 为某厂家的产品。

(a)仪器整体

(b)装有试件的膨胀计

图 5-5　某厂家生产的压汞仪

5.2.3 操作步骤

压汞仪的型号众多，操作流程略有不同，在此仅简要介绍。

(1)预先通过真空饱和实验测得材料的表观密度和孔隙率。

(2)称取试件的干重并选择大小合适的膨胀计，将试件密封在膨胀计的试件槽中，然后连同膨胀计再次称重。

(3)将膨胀计安装在压汞仪的低压槽，根据实际需要，在控制软件中设置好压力范围、测试间隔和稳定时间等参数，同时输入试件的干重及包含试件的膨胀计质量。

(4)开启真空泵，抽取膨胀计内的空气，直至接近真空(气压一般低于 50mm 汞柱)。

(5)关闭真空泵，启动低压测试(0~30psi[①])，直至仪器提示测试结束。

(6)从低压槽中取出膨胀计并再次称重，然后将其安装在高压槽中，输入称重结果。

(7)启动高压测试(30~30000psi)，直至仪器提示测试结束。

(8)从高压槽中取出膨胀计，对仪器和膨胀计进行清洁。

5.2.4 数据处理

压汞仪能自动测出许多测试参数。为求取多孔建筑材料始于饱和含湿量的放湿曲线，需要测试时的水银压力 p_{Hg} (Pa)和单位质量试件的水银累计入渗量 $I_{\mathrm{Hg}}(\mathrm{m}^3 \cdot \mathrm{kg}^{-1})$。

(1)根据 Washburn 公式[139]计算得到给定水银压力下的入渗孔隙半径 r (m)：

$$r = \frac{2 \cdot \sigma_{\mathrm{Hg}} \cdot \cos\gamma_{\mathrm{Hg}}}{p_{\mathrm{Hg}}} \tag{5-7}$$

(2)再次使用 Washburn 公式[139]，计算得到入渗孔隙半径对应的毛细压力 p_{cap} (Pa)：

$$p_{\mathrm{cap}} = \frac{2 \cdot \sigma \cdot \cos\gamma}{r} \tag{5-8}$$

(3)计算水银累计入渗量对应的含湿量：

$$w = w_{\mathrm{sat}} - I_{\mathrm{Hg}} \cdot \rho_1 \cdot \rho_{\mathrm{bulk}} \tag{5-9}$$

(4)为得到平滑的保水曲线，可用 van Genuchten 模型[53][式(1-15)]对数据点进行拟合。

---

① 1psi=6894.757Pa。

(5) 若有需要，可使用式 (5-10)[138] 计算材料的孔径分布：

$$f_{\mathrm{v}}\left(r\right)=-\frac{\partial w}{\partial \lg p_{\mathrm{cap}}} \tag{5-10}$$

以上各式中，σ 为液态水的表面张力，常温常压下约为 $0.07275\mathrm{N\cdot m^{-1}}$；$\sigma_{\mathrm{Hg}}$ 为水银的表面张力，约为 $484\mathrm{N\cdot m^{-1}}$；$\gamma$ 为液态水与多孔建筑材料的接触角，一般取 $0°$；γ_{Hg} 为水银与多孔建筑材料的接触角，一般为 $130°\sim140°$；ρ_{l} 为液态水的密度，$\mathrm{kg\cdot m^{-3}}$；w 为含湿量，$\mathrm{kg\cdot m^{-3}}$；w_{sat} 为饱和含湿量，$\mathrm{kg\cdot m^{-3}}$。

5.2.5　注意事项

(1) 压汞实验需使用有毒的水银，因此务必要仔细阅读并严格遵守操作手册，同时做好相应的防护。

(2) 压汞仪的压力常采用美制单位 (psi)，需注意单位换算。

(3) 试件的尺寸和孔隙率应与膨胀计的测量体积匹配，使试件的孔隙体积为膨胀计体积的 25%～90%。

(4) 水银与多孔建筑材料的接触角通常取 130°～140°，但有学者认为其值与孔隙大小有关，建议对大孔和中孔取 180°[139]。

(5) 由于墨水瓶效应、接触角的取值和高压下材料被压缩等多种不确定因素，压汞实验的重复性不佳，测试结果也不十分准确，建议主要用作参考。

5.2.6　测试实例

某多孔建筑材料的表观密度为 $271\mathrm{kg\cdot m^{-3}}$、孔隙率为 89.1%。对其进行压汞测试，所得原始数据如图 5-6 所示，试求取其保水曲线和孔径分布。

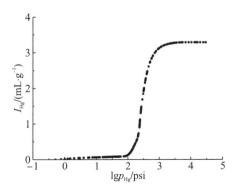

图 5-6　压汞实验中某多孔建筑材料的原始数据

解：设液态水的密度为 998kg·m^{-3}，则该材料 89.1% 的孔隙率对应的饱和含湿量为 889kg·m^{-3}。取水银与材料的接触角为 130°。经单位换算后，通过式 (5-7)～式 (5-10) 可求得如图 5-7、图 5-8 所示结果。

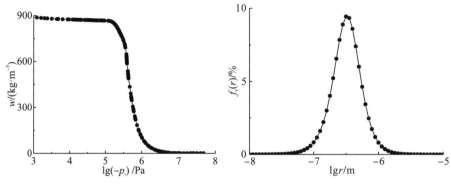

图 5-7　压汞实验测得的某多孔建筑　　　　　图 5-8　压汞实验测得的某多孔建筑
　　　　　材料保水曲线　　　　　　　　　　　　　　材料孔径分布

用 van Genuchten 模型拟合的结果为

$$w = \frac{889}{\{1 + [0.176 \cdot \lg(p_{\mathrm{cap}})]^{43.45}\}^{0.977}} \qquad (R^2 = 0.997)$$

5.3　等温吸放湿实验

等温吸放湿实验可以测得多孔建筑材料在吸湿区间内不同相对湿度 (φ) 下的平衡含湿量，所得数据经拟合后可得材料的等温吸放湿曲线。由于该实验常用干燥器作为实验装置，因此又称为干燥器实验。

本实验主要参考 T/CECS 10203—2022[134]、ISO 12571[131] 和 ASTM C1498[132] 等标准以及其他相关的研究[43,48,54,122]。

5.3.1　实验原理

在恒定的温度下，不同种类的饱和盐溶液能在密闭空间内营造不同的相对湿度 (附录 2)。将预处理后的试件置于其中，待试件吸湿或放湿平衡后称取湿重，再结合试件的干重，即可得到平衡含湿量。

5.3.2 仪器装置

等温吸放湿实验的测试装置一般为自制，示意图和照片分别见图 5-9 和图 5-10。

图 5-9 等温吸放湿实验装置示意图

(a)玻璃干燥器

(b)塑料干燥器

图 5-10 等温吸放湿实验装置照片

5.3.3 操作步骤

(1)配置饱和盐溶液并置于干燥器的底部，稳定至恒温。

(2)称取试件的干重 $m_{dry}(\text{kg})$。

(3)对试件进行预处理，使其达到干燥状态、毛细含湿量或饱和含湿量。

(4)将试件放置在干燥器的多孔隔板上，一段时间后开始称重。若间隔 24h 的连续三次称重结果相对变化不大于 0.1%，则认为已达平衡，取三次称重的平均值作为湿重 $m_{wet}(\text{kg})$。

(5)在其他相对湿度下重复上述过程，直至得到所有需要的数据点。

5.3.4　数据处理

(1) 试件平衡状态下的湿分质量 $m_{\text{water}}(\text{kg})$ 为

$$m_{\text{water}} = m_{\text{wet}} - m_{\text{dry}} \tag{5-11}$$

(2) 试件的质量比平衡含湿量 $u(\text{kg}\cdot\text{kg}^{-1})$ 为

$$u = \frac{m_{\text{water}}}{m_{\text{dry}}} = \frac{m_{\text{wet}}}{m_{\text{dry}}} - 1 \tag{5-12}$$

(3) 试件的质量体积比平衡含湿量 $w(\text{kg}\cdot\text{m}^{-3})$ 为

$$w = \frac{m_{\text{water}}}{V_{\text{bulk}}} = \left(\frac{m_{\text{wet}}}{m_{\text{dry}}} - 1 \right) \cdot \rho_{\text{bulk}} \tag{5-13}$$

式中，ρ_{bulk} 为材料的表观密度，$\text{kg}\cdot\text{m}^{-3}$。

(4) 使用合适的模型对数据点进行拟合，得到等温吸放湿曲线。

5.3.5　注意事项

(1) 饱和盐溶液营造的相对湿度会随温度变化，因此需要在稳定的环境温度下进行本实验。

(2) 实验可使用玻璃或塑料干燥器，但玻璃干燥器的热稳定性更好，因此更加推荐。

(3) 可使用浓硫酸调控相对湿度，但由于其危险性较大，因此更推荐使用饱和盐溶液。

(4) 为保证溶液饱和，可在配制时使用过量的盐分，使溶液中存在未溶解的晶体。

(5) 试件形状可以不规则，但尺寸不宜过大或过小，建议控制在 $10\sim100\text{cm}^3$，且厚度以 $1\sim2\text{cm}$ 为佳。

(6) 一般使用 $4\sim8$ 个试件在同一相对湿度下进行平行测试。

(7) 为节约时间，可使用多组试件在不同的相对湿度下同时进行实验，并在干燥器内安装小风扇以加快内部空气流动。

(8) 可使用恒温恒湿箱或其他装置代替盛有饱和盐溶液的干燥器进行实验。

(9) 本实验在98%以下的相对湿度范围内较为准确，一般设置 $5\sim8$ 个相对湿度点，并在高湿度区间偏密集设置。

5.3.6　测试实例

某多孔建筑材料的表观密度为 $271\text{kg}\cdot\text{m}^{-3}$。在干燥器吸湿实验中得到的原始数据见表 5-1，试求取其等温吸湿曲线。

表 5-1　干燥器吸湿实验中某多孔建筑材料的原始数据

	1	2	3	4	5	6
相对湿度/%	11.3	32.9	53.5	75.4	84.7	94.0
试件干重/g	2.841	2.728	2.780	2.723	2.705	2.705
平衡湿重/g	2.858	2.759	2.826	2.791	2.786	2.814

解：根据式(5-11)～式(5-13)对原始数据进行处理，可得表 5-2 所示结果。

表 5-2　干燥器吸湿实验中某多孔建筑材料的平衡含湿量

	1	2	3	4	5	6
相对湿度/%	11.3	32.9	53.5	75.4	84.7	94.0
$u/(\mathrm{kg \cdot kg^{-1}})$	0.0061	0.0112	0.0165	0.0248	0.0301	0.0403
$w/(\mathrm{kg \cdot m^{-3}})$	1.7	3.0	4.5	6.7	8.1	10.9

选用质量体积比含湿量(w)，根据式(1-10)进行拟合可得

$$w = \ln \frac{(100\varphi + 1)^{0.515}}{(1-\varphi)^{3.15}} \qquad (R^2 > 0.999)$$

其等温吸湿曲线示意图如图 5-11 所示。

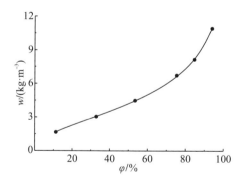

图 5-11　等温吸放湿实验测得的某多孔建筑材料等温吸湿曲线

5.4　半透膜实验

半透膜实验可以测得多孔建筑材料在超吸湿区间内不同毛细压力 $p_{\mathrm{cap}}(\mathrm{Pa})$ 下

的平衡含湿量，所得数据经拟合后可得材料的保水曲线。

本实验方法由 Feng 和 Janssen[41]于 2019 年首次提出，目前已编制成为 T/CECS 10292—2023《多孔建筑材料保水曲线测定 半透膜法》标准[142]。

5.4.1　实验原理

在超吸湿范围内，饱和盐溶液已不能精确控制环境湿度。此外，由于环境相对湿度非常接近 100%，较小的温度波动也可能引起水蒸气冷凝，因此干燥器法已不再适用。

图 5-12 解释了半透膜调控渗透压的原理[143]。如图所示，当溶液和溶剂被半透膜分隔开后，溶剂分子可以自由地穿过半透膜，而溶液中的溶质分子则会被半透膜挡住。半透膜两侧存在浓度差，因此会导致溶剂分子从溶剂侧流向溶液侧，使其液面升高。在平衡状态下，该高度差产生的液压即为该溶液的渗透压（osmotic pressure）。渗透压和溶液的浓度相关，且与溶液的毛细压力大小相等，符号相反。

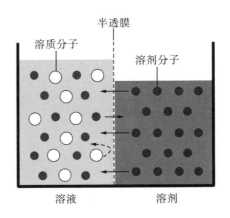

图 5-12　半透膜调控渗透压的原理

基于半透膜调控渗透压的原理，可以使用半透膜将试件和适当的溶液隔开，但保持二者的水力接触。此时试件可以在溶液对应的渗透压(毛细压力)下进行吸湿或放湿，而不会被溶质分子污染。

5.4.2　仪器装置

半透膜实验的测试装置一般为自制，示意图和照片分别见图 5-13 和图 5-14。

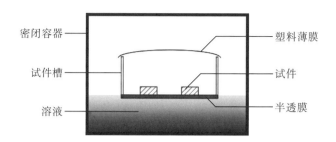

图 5-13 半透膜实验装置示意图

(a)装置整体 (b)半透膜上的试件

图 5-14 半透膜实验装置照片

5.4.3 操作步骤

(1) 配制适当的溶液置于密闭容器底部，稳定至恒温。

(2) 制作试件槽，将其底部用半透膜覆盖。

(3) 称取试件的干重 $m_{dry}(kg)$。

(4) 对试件进行预处理，一般处理至干燥状态、毛细含湿量或饱和含湿量。

(5) 将试件放置在半透膜上，并用塑料薄膜密封试件槽的上部开口。

(6) 将试件槽放入盛有溶液的密闭容器中，使其浮于液面上，或用支架固定(但需保证半透膜与溶液直接接触)。

(7) 一段时间后开始称重。若间隔 24h 的连续三次称重结果相对变化不大于 0.1%，则认为已达平衡，取三次称重的平均值作为湿重 $m_{wet}(kg)$。

(8) 取出密封容器中的溶液，用高精度的露点计测量其毛细压力。

(9) 在其他毛细压力下重复上述过程，直至得到所有需要的数据点。

5.4.4 数据处理

(1) 试件平衡状态下的湿分质量 $m_{water}(kg)$ 为

$$m_{water} = m_{wet} - m_{dry} \tag{5-14}$$

(2)试件的质量比平衡含湿量 $u\,(\mathrm{kg \cdot kg^{-1}})$ 为

$$u = \frac{m_{water}}{m_{dry}} = \frac{m_{wet}}{m_{dry}} - 1 \tag{5-15}$$

(3)试件的质量体积比平衡含湿量 $w\,(\mathrm{kg \cdot m^{-3}})$ 为

$$w = \frac{m_{water}}{V_{bulk}} = \left(\frac{m_{wet}}{m_{dry}} - 1 \right) \cdot \rho_{bulk} \tag{5-16}$$

式中，ρ_{bulk} 为材料的表观密度，$\mathrm{kg \cdot m^{-3}}$。

(4)使用合适的模型对数据点进行拟合，得到保水曲线。

5.4.5　注意事项

(1)为避免温度变化引起水蒸气冷凝，需要在尽可能稳定的环境温度下进行本实验。

(2)与等温吸放湿实验相比，本实验中的溶液与试件紧密接触(仅间隔一层半透膜)，可以提供较好的热稳定性，因此可以适当使用较多的溶液。

(3)宜采用分子量较大或电荷较高的物质配制成不同浓度的溶液，并使用孔径较小的反渗透膜(reverse osmosis membrane，RO 膜)，以避免溶质穿透半透膜，污染试件。

(4)为保证试件与溶液的水力接触良好，试件与半透膜接触的一侧应尽可能平整。

(5)一般使用 3～5 个试件在同一湿度条件下进行平行测试。

(6)为节约时间，试件的厚度建议控制在 1cm 以内，且可使用多组试件在不同的湿度条件下同时进行实验。

(7)在超吸湿范围内一般设置 5～8 个不同的毛细压力测试点，并在高湿度区间偏密集设置。

(8)本实验可拓展至吸湿范围，但不如等温吸放湿实验简便。

5.4.6　测试实例

某多孔建筑材料的表观密度为 1255kg·m⁻³、孔隙率为 30.9%。在始于饱和含湿量的半透膜放湿实验中得到的原始数据见表 5-3，试求取其保水曲线。

表 5-3　半透膜放湿实验中某多孔建筑材料的原始数据

	1	2	3	4	5	6
毛细压力/MPa	−0.34	−0.66	−1.07	−1.63	−2.06	−2.48
试件干重/g	2.603	2.517	2.653	2.618	2.642	2.648
平衡湿重/g	3.169	2.986	2.953	2.786	2.771	2.771

　　设液态水的密度为 998kg·m^{-3}，则该材料 30.9%的孔隙率对应的饱和含湿量为 308kg·m^{-3}。根据式(5-14)～式(5-16)对原始数据进行处理，可得表 5-4 所示结果。

表 5-4　半透膜放湿实验中某多孔建筑材料的平衡含湿量

	1	2	3	4	5	6
lg($-p_{cap}$)/Pa	5.53	5.82	6.03	6.21	6.31	6.39
u/(kg·kg^{-1})	0.217	0.186	0.113	0.064	0.049	0.046
w/(kg·m^{-3})	272.9	233.8	141.9	80.5	61.3	58.3

　　选用质量体积比含湿量(w)，用 van Genuchten 模型拟合的结果为

$$w = \frac{308}{\{1 + [0.167 \cdot \lg(-p_{cap})]^{28.6}\}^{0.965}} \quad (R^2 = 0.99)$$

其保水曲线示意图如图 5-15 所示。

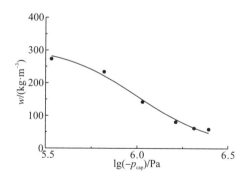

图 5-15　半透膜实验测得的某多孔建筑材料放湿保水曲线

5.5　压力平板/压力膜实验

　　压力平板法由 Richards[144]于 1948 年正式提出，最早应用于土壤科学，后逐

渐应用于多孔建筑材料等其他多孔材料。压力平板/压力膜实验(pressure plate/membrane test)可以测得多孔建筑材料在超吸湿区间内不同毛细压力 $p_{cap}(Pa)$ 下的平衡含湿量，所得数据经拟合后可得材料放湿过程的保水曲线。

　　本实验主要参考 T/CECS 10203—2022[134]、ISO 11274[145]、ASTM C1699[135] 和 ASTM D6836[146]等标准以及其他相关的研究[43,122,147]。

5.5.1　实验原理

　　如图 5-16 所示，假定试件和微孔陶瓷板紧密接触，且二者的孔隙在初始时刻均充满液态水。保持微孔陶瓷板的下端与标准大气压 $p_0(Pa)$ 相连，并在其上端额外施加一空气压力 $p_{air}(Pa)$。分析陶瓷板的微孔底部并忽略水头压力，则向上的压力等于大气压力，而向下的总压力 $p_1(Pa)$ 为

$$p_1 = p_0 + p_{air} + p_{cap} \tag{5-17}$$

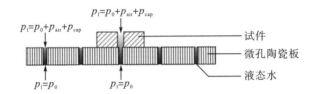

图 5-16　压力平板实验原理

　　系统平衡时向上和向下的压力相等，因此有

$$p_{cap} = -p_{air} \tag{5-18}$$

即毛细压力与额外施加的空气压力大小相等，方向相反。

　　微孔陶瓷板的孔隙较小，对应的毛细压力较大。在实验过程中，额外施加的空气压力不足以将孔隙内部的液态水压出，因此微孔陶瓷板的孔隙一直被液态水充满。多孔建筑材料的孔隙相对较大，因此对应的毛细压力相对较小，孔隙内部的液态水有可能被空气压出。显然，若额外施加的空气压力由小变大，则试件大孔中的液态水先被压出，小孔中的液态水后被压出。改变空气压力并维持到稳定状态，即可通过称重得到试件在不同毛细压力下的平衡含湿量。

　　以上为压力平板实验的基本原理。显然，该实验仅适用于放湿过程。压力膜实验的原理与之相同，不同之处在于压力膜实验使用一张微孔薄膜代替微孔陶瓷板。微孔薄膜的孔径更小，因此能承受的气压更大。在一般情况下，压力平板和压力膜实验的适用压力范围分别为 $0 \sim 1.5 \times 10^6 Pa$ 和 $1.5 \times 10^6 \sim 1 \times 10^7 Pa$，常温下对应的相对湿度范围分别为 100%～99% 和 99%～93%。

5.5.2 仪器装置

压力平板和压力膜实验的测试装置一般成套购买。目前市面上有多个厂家生产的各种型号，但其基本结构类似。图 5-17 和图 5-18 分别为压力平板实验装置的示意图和照片。

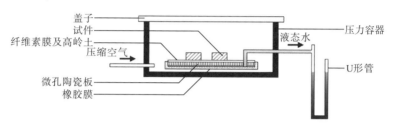

图 5-17 压力平板实验装置示意图

(a)装置整体   (b)压力容器内部

图 5-18 压力平板实验装置照片

5.5.3 操作步骤

(1)称取试件的干重 m_{dry}(kg)。

(2)将试件预处理到毛细含湿量或饱和含湿量。

(3)将微孔陶瓷板隔夜浸水或更久，使其充分吸水。

(4)取出微孔陶瓷板，用湿布或湿海绵擦去表面的附着水，然后放置在压力容器中。

(5)将细粉高岭土与水按 1:1 的质量比混合，充分搅拌使其呈糊状，然后均匀铺在微孔陶瓷板上(厚度为 1~2mm)。

(6)用水将大小合适的纤维素薄膜浸透，然后平铺在高岭土上。

(7)将试件平放在纤维素薄膜上并轻轻按压，使其略微下陷。

(8)将微孔陶瓷板上的出水口、压力容器上的出水导管以及外部的 U 形管相连。

(9)关闭压力容器的盖子并用螺丝固定，使其处于密闭状态。

(10)向压力容器内缓慢通入压缩空气，直至达到预定的压力。此过程中应该有水从压力容器中流出，进入 U 形管。

(11)待 U 形管中的液面稳定后，恢复压力容器中的气压至常压，然后打开盖子，取出试件称取湿重 m_{wet}(kg)。

(12)在其他压力下重复上述过程，直至得到所有需要的数据点。

以上为压力平板实验的操作步骤。压力膜实验的操作步骤与之类似,在此省略。

5.5.4   数据处理

(1)试件平衡状态下的湿分质量 m_{water}(kg) 为

$$m_{\mathrm{water}} = m_{\mathrm{wet}} - m_{\mathrm{dry}}$$ (5-19)

(2)试件的质量比平衡含湿量 $u\,(\mathrm{kg \cdot kg^{-1}})$ 为

$$u = \frac{m_{\mathrm{water}}}{m_{\mathrm{dry}}} = \frac{m_{\mathrm{wet}}}{m_{\mathrm{dry}}} - 1$$ (5-20)

(3)试件的质量体积比平衡含湿量 $w\,(\mathrm{kg \cdot m^{-3}})$ 为

$$w = \frac{m_{\mathrm{water}}}{V_{\mathrm{bulk}}} = \left(\frac{m_{\mathrm{wet}}}{m_{\mathrm{dry}}} - 1 \right) \cdot \rho_{\mathrm{bulk}}$$ (5-21)

式中，ρ_{bulk} 为材料的表观密度，$\mathrm{kg \cdot m^{-3}}$。

(4)使用合适的模型对数据点进行拟合，得到保水曲线。

5.5.5   注意事项

(1)本实验需要使用高压气体，务必小心操作，注意安全。

(2)为避免温度变化引起水蒸气冷凝,需要在尽可能稳定的环境温度下进行本实验。

(3)在往微孔陶瓷板上铺高岭土时，不要堵塞微孔陶瓷板的出水口。

(4)实验过程中应保持系统良好的水力接触，试件与纤维素膜接触的一侧应尽可能平整。

(5)一般使用 3～5 个试件在同一压力下进行平行测试，试件厚度以 1～2cm 为佳。

(6)使用纤维素膜的目的是防止高岭土污染试件，也可使用滤纸、布等材料代替。但有研究表明，纤维素膜的效果较好[122,147]。

(7)若需要在多个压力下进行测试，建议保持空气压力由小至大（毛细压力由大至小），以使试件处于阶梯放湿过程，避免重复进行预处理（但每次测试时均应更换高岭土和纤维素膜）。

(8)在超吸湿范围内一般设置 5～8 个不同压力的测试点，并在高湿度区间偏密集设置。

(9)由于气压控制精度的原因，当压缩空气的压力小于 $1 \times 10^4 \sim 1 \times 10^5$Pa 时，测试结果可能存在较大误差[148,149]。

5.5.6　测试实例

某试件的表观密度为 1818kg·m^{-3}、饱和含湿量为 326kg·m^{-3}。其干重为 14.771g，在始于饱和含湿量的压力平板实验中得到的原始数据见表 5-5，试求取其保水曲线。

表 5-5　压力平板实验中某试件的原始数据

空气压力/kPa	50	100	200	300	500	700	1000	1500
平衡湿重/g	16.408	15.773	15.110	14.999	14.897	14.860	14.830	14.813

解：根据式(5-19)～式(5-21)对原始数据进行处理，可得表 5-6 所示结果。

表 5-6　压力平板实验中某试件的平衡含湿量

$\lg(-p_{cap})$/Pa	4.7	5.0	5.3	5.5	5.7	5.8	6.0	6.2
u/(kg·kg^{-1})	0.111	0.068	0.023	0.015	0.009	0.006	0.004	0.003
w/(kg·m^{-3})	201.5	123.3	41.7	28.1	15.5	11.0	7.3	5.2

选用质量体积比含湿量(w)，用 van Genuchten 模型拟合的结果为

$$w = \frac{326}{\{1 + [0.208 \cdot \lg(-p_{cap})]^{19.02}\}^{0.947}} \quad (R^2=0.99)$$

其保水曲线示意图如图 5-19 所示。

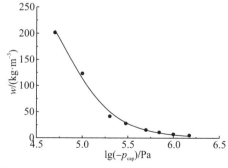

图 5-19　压力平板实验测得的某试件保水曲线

5.6　悬水柱实验

　　悬水柱实验可以测得多孔建筑材料在毛细压力 p_{cap}(Pa) 接近 0 时的平衡含湿量，所得数据可用于补充高湿区间材料的保水曲线。

　　本实验主要参考 ISO 11274[145]和 ASTM D6836[146]等标准以及其他相关的研究[149]。

5.6.1　实验原理

　　悬水柱实验与压力平板实验的原理类似。如图 5-20 所示，假定试件和微孔陶瓷板紧密接触，且二者的孔隙在初始时刻均充满液态水。保持微孔陶瓷板的上端与标准大气压 p_0(Pa) 相连，并在其下端额外施加一水头压力 p_{head}(Pa)。分析陶瓷板的微孔底部并忽略试件和陶瓷板内部的水头压力，则向下的总压力 p_1(Pa) 等于大气压力与毛细压力之和，而向上的总压力为大气压力与水头压力之和。系统平衡时向上和向下的压力相等，因此有

$$p_{\text{cap}} = p_{\text{head}} \tag{5-22}$$

即毛细压力与水头压力相等，且均为负值。

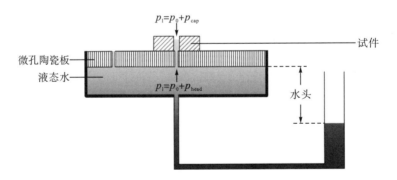

图 5-20　悬水柱实验原理

　　通过改变水头压力，可以精确控制施加到试件上的毛细压力。待试件吸湿或放湿达到平衡后，即可通过称重得到不同毛细压力下的试件平衡含湿量。实验室中常用水柱高度一般不超过 2m，因此悬水柱实验适用的毛细压力范围通常为 $-2 \times 10^4 \sim 0$Pa。

5.6.2　仪器装置

悬水柱实验的测试装置一般为自制,其示意图和照片分别见图 5-21 和图 5-22。

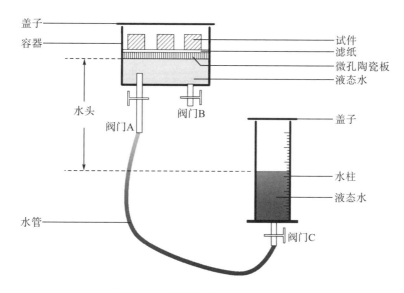

图 5-21　悬水柱实验装置示意图

(a)装置整体

(b)实验容器及试件

图 5-22　悬水柱实验装置照片

5.6.3 操作步骤

(1) 称取试件的干重 m_{dry}(kg)。

(2) 对试件进行预处理，使其达到干燥状态、毛细含湿量或饱和含湿量。

(3) 合理调节阀门，使容器下部充满液态水，且水头高度 H_{head}(m) 处于合适位置。

(4) 用水将固定在容器上的微孔陶瓷板彻底浸润，并在其上放置 1～2 张湿滤纸。

(5) 将试件平放在滤纸上并轻轻按压，以排出接触面之间的空气。

(6) 待水头高度不再变化后，取出试件称取湿重 m_{wet}(kg)。

(7) 调节水头高度，在其他压力下重复上述过程，直至得到所有需要的数据点。

5.6.4 数据处理

(1) 试件平衡状态下的湿分质量 m_{water}(kg) 为

$$m_{water} = m_{wet} - m_{dry} \tag{5-23}$$

(2) 试件的质量比平衡含湿量 u(kg·kg^{-1}) 为

$$u = \frac{m_{water}}{m_{dry}} = \frac{m_{wet}}{m_{dry}} - 1 \tag{5-24}$$

(3) 试件的质量体积比平衡含湿量 w(kg·m^{-3}) 为

$$w = \frac{m_{water}}{V_{bulk}} = \left(\frac{m_{wet}}{m_{dry}} - 1 \right) \cdot \rho_{bulk} \tag{5-25}$$

(4) 对应的毛细压力为

$$p_{cap} = -\rho_l \cdot g \cdot H_{head} \tag{5-26}$$

式中，ρ_{bulk} 为材料的表观密度，kg·m^{-3}；ρ_l 为液态水的密度，kg·m^{-3}；g 为重力加速度，9.81m·s^{-2}。

5.6.5 注意事项

(1) 为避免温度变化引起水蒸气冷凝，需要在尽可能稳定的环境温度下进行本实验。

(2) 实验过程中应保持系统良好的水力接触，试件与滤纸接触的一侧应尽可能平整。

(3) 使用滤纸的目的是保持良好的水力接触，也可使用布等材料代替。

(4)一般使用 3~5 个试件在同一压力下进行平行测试，试件厚度以 0.5~1.0cm 为佳。

(5)若需要在多个压力下进行测试，建议保持毛细压力单调变化，以使试件处于阶梯吸湿或放湿过程，避免重复进行预处理(但每次测试时均应更换滤纸)。

(6)为避免水分蒸发，可盖住容器及水柱上方，但不需要彻底密封。

(7)根据实际需要，一般可在测试范围内设置 3~5 个不同压力的测试点。

5.6.6　测试实例

某试件的表观密度为 462kg·m^{-3}、干重为 4.431g。在悬水柱实验中得到的原始数据见表 5-7，试求取各毛细压力及对应的含湿量。

表 5-7　悬水柱实验中某试件的原始数据

水头高度/m	1.25	0.82	0.43
平衡湿重/g	7.251	7.298	7.322

解：设液态水的密度为 998kg·m^{-3}，根据式(5-23)~式(5-26)对原始数据进行处理，可得表 5-8 所示数据。

表 5-8　悬水柱实验中某试件的平衡含湿量

$-p_{cap}$/Pa	12238	8028	4210
u/(kg·kg^{-1})	0.636	0.647	0.652
w/(kg·m^{-3})	294.0	298.9	301.4

5.7　露点计实验

露点计实验可以测得多孔建筑材料在超吸湿区间内不同毛细压力 p_{cap}(Pa) 下的平衡含湿量，所得数据经拟合后可得材料的保水曲线。

本实验方法由 Feng 和 Janssen[41]于 2019 年首次提出，暂未标准化。

5.7.1　实验原理

在超吸湿范围内，材料的含湿量一般较大。若让材料通过湿空气进行吸湿或放湿，则与表面传质阻力相比，材料内部的传质阻力相对较小，不容易形成明显的湿度梯度。此时隔绝材料与空气的接触，使其内部达到平衡状态，则可以通过称重得到试件平衡含湿量，并用露点计测得材料内部的毛细压力。

5.7.2 仪器装置

本实验所需的露点计一般直接购买，用于测量平衡状态下试件的毛细压力。露点计可以分为晶体管露点计、冷镜露点计等多种类型，且有不同厂家生产的各种型号。根据原理、精度、适用范围等条件综合考虑，本实验使用美国 Decagon 公司生产的 WP4C 型高精度露点计或类似产品(图 5-23)[41,150]。本实验所需的其他装置与等温吸放湿实验的装置基本相同。

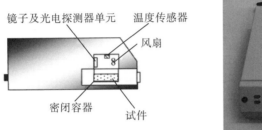

(a)WP4C型露点计结构示意图[151]   (b)WP4C型露点计照片

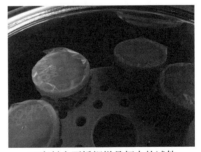

(c)装有试件的干燥器   (d)密封在不锈钢样品杯中的试件

图 5-23 露点计实验仪器装置示意图及照片

5.7.3 操作步骤

(1)将多孔建筑材料加工成直径为 3cm、厚度为 0.3～1.0cm 的圆形试件，称取干重 m_{dry}(kg)。

(2)进行吸湿实验时,将在 97%的相对湿度下吸湿平衡的试件放入盛有纯水的干燥器内。进行放湿实验时, 将达到毛细含湿量或饱和含湿量的试件放入盛有饱和硫酸钾溶液的干燥器内。

(3)间隔一段时间,将试件密封在露点计配套的不锈钢样品杯中,并用胶带缠绕样品杯的侧面。

(4)静置隔夜后,用露点计测试样品杯中试件的毛细压力,并称取试件的湿重 $m_{wet}(kg)$。

(5)将试件放回干燥器, 重复上述步骤,直至得到所有需要的数据点。

5.7.4　数据处理

(1)试件平衡状态下的湿分质量 $m_{water}(kg)$ 为
$$m_{water} = m_{wet} - m_{dry} \tag{5-27}$$
(2)试件的质量比平衡含湿量 $u(kg \cdot kg^{-1})$ 为
$$u = \frac{m_{water}}{m_{dry}} = \frac{m_{wet}}{m_{dry}} - 1 \tag{5-28}$$
(3)试件的质量体积比平衡含湿量 $w(kg \cdot m^{-3})$ 为
$$w = \frac{m_{water}}{V_{bulk}} = \left(\frac{m_{wet}}{m_{dry}} - 1 \right) \cdot \rho_{bulk} \tag{5-29}$$
式中, ρ_{bulk} 为材料的表观密度, $kg \cdot m^{-3}$。

(4)使用合适的模型对数据点进行拟合, 得到保水曲线。

5.7.5　注意事项

(1)为避免温度变化引起水蒸气冷凝,需要在尽可能稳定的环境温度下进行本实验。

(2)每次使用露点计前均应使用标准溶液进行校准。

(3)为加快实验速度并减小试件内部的湿度梯度,试件应尽可能薄。

(4)使用饱和硫酸钾溶液进行吸湿预处理或放湿是为了缩小试件内部与 100%相对湿度之间的水蒸气分压力差,以减小试件内部的湿度梯度, 也可使用其他高湿度的溶液代替。

(5)本实验速度较慢,建议使用大量试件进行平行测试;为防止相互干扰,可以使用多个较小的干燥器。

5.7.6　测试实例

某材料的表观密度为 271kg·m^{-3}、饱和含湿量为 889kg·m^{-3}。一试件干重为 0.979g，在始于饱和含湿量的露点计实验中得到的原始数据见表 5-9，试求取其保水曲线。

表 5-9　露点计实验中某试件的原始数据

毛细压力/MPa	-0.13	-0.32	-0.65	-0.97	-1.22	-1.93	-2.37	-3.14
平衡湿重/g	3.830	3.301	1.760	1.397	1.358	1.256	1.213	1.126

解：根据式(5-27)～式(5-29)对原始数据进行处理，可得表 5-10 所示数据。

表 5-10　露点计实验中某试件的平衡含湿量

lg$(-p_{cap})$/Pa	5.11	5.51	5.81	5.99	6.09	6.29	6.37	6.50
u/(kg·kg^{-1})	2.912	2.372	0.798	0.427	0.387	0.283	0.239	0.150
w/(kg·m^{-3})	789.2	642.8	216.2	115.7	104.9	76.7	64.8	40.7

选用质量体积比含湿量(w)，用 van Genuchten 模型拟合的结果为

$$w = \frac{889}{\{1+[0.178 \cdot \lg(-p_{cap})]^{29.12}\}^{0.966}} \quad (R^2=0.98)$$

其保水曲线示意图如图 5-24 所示。

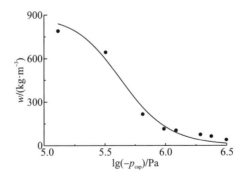

图 5-24　露点计实验测得的某试件保水曲线

第 6 章　传湿性质测试实验

多孔建筑材料的传湿性质是进行热湿耦合分析必不可少的物性参数。本章将详细介绍水蒸气渗透实验、水头实验、毛细吸水实验和 X 射线衰减实验的基本原理、操作步骤和数据处理方法，并通过实例加以说明。

6.1　水蒸气渗透实验

水蒸气渗透实验可以测得多孔建筑材料的水蒸气渗透系数 δ_v $(kg \cdot m^{-1} \cdot s^{-1} \cdot Pa^{-1})$。由于实验所用的密封容器通常呈杯状，因此水蒸气渗透实验又称为干湿杯实验 (cup test)。

本实验主要参考 T/CECS 10203—2022[134]、ISO 12572[63]和 ASTM E96[152]标准以及其他相关的研究[43,54,64,122]。

6.1.1　实验原理

将多孔建筑材料制成的试件侧面密封，上下两侧维持恒定的水蒸气分压力差，则水蒸气会透过试件进行一维传递。在稳定状态下测得水蒸气传递的湿流密度，再结合试件的尺寸及其两侧的水蒸气分压力差等相关条件，可以计算得到该试件的水蒸气渗透系数。

6.1.2　仪器装置

水蒸气渗透实验的测试装置一般为自制，其示意图和照片分别见图 6-1 和图 6-2。

6.1.3　操作步骤

(1) 根据所选渗透杯的大小和形状，将多孔建筑材料加工成适当尺寸的试件。

(2) 用游标卡尺测量试件的尺寸(精确到 0.01mm)，每个方向上的测量至少重复 4 次并取平均值。

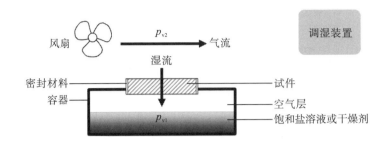

图 6-1　水蒸气渗透实验装置示意图

(a)渗透杯及密封盖

(b)加工好的密封盖及密封环

(c)密封好的试件

(d)放置在恒湿箱内的渗透杯

图 6-2　水蒸气渗透实验装置照片

（3）在试件的侧面刷一薄层石蜡或环氧树脂，操作时尽量避免渗入试件内部。

（4）将试件固定在密封盖上，并向试件和密封环的间隙内填充石蜡或环氧树脂。

（5）往渗透杯中放入适量的饱和盐溶液（或干燥剂），使液面距容器开口距离 d_{air} 为 1～3cm。

（6）将密封好的试件连同密封盖紧密固定在渗透杯开口处，然后将其置于湿度恒定的空间内。

（7）待水蒸气传递速率稳定后（一般一周以内），每 2～5d 取出渗透杯（连同试件）进行称重，同时记录称重时刻（精确到分钟）。

（8）当连续至少 6 次称重的结果呈较好的线性关系（$R^2>0.99$）时，结束本次实验。

（9）在其他湿度条件下重复上述过程，直至得到所有需要的结果。

6.1.4 数据处理

(1) 以称重时间为自变量、称重结果为因变量，通过线性拟合求得水蒸气的湿流量 G_v(kg·s^{-1})。

(2) 根据试件尺寸计算其横截面积 A(m^2)，然后计算水蒸气的湿流密度 g_v(kg·m^{-2}·s^{-1})。

$$g_v = \frac{G_v}{A} \tag{6-1}$$

(3) 根据式(6-2)[63]计算实验温度下的饱和水蒸气分压力 $p_{v,sat}$(Pa)。

$$p_{v,sat} = 610.5 \cdot e^{\frac{17.269 \cdot (T-273.15)}{T-35.85}} \tag{6-2}$$

(4) 设试件两侧相对湿度分别为 φ_1 和 φ_2，则两侧水蒸气分压力差 Δp_v(Pa) 为

$$\Delta p_v = p_{v,sat} \cdot |\varphi_1 - \varphi_2| \tag{6-3}$$

(5) 试件及渗透杯内部空气层的水蒸气传递总阻力 R_{total}(m^2·s·Pa·kg^{-1}) 为

$$R_{total} = \frac{\Delta p_v}{g_v} \tag{6-4}$$

(6) 渗透杯内部空气层的阻力 R_{air}(m^2·s·Pa·kg^{-1}) 为

$$R_{air} = \frac{d_{air}}{\delta_{v,air}} \tag{6-5}$$

(7) 试件的阻力 R_{sample}(m^2·s·Pa·kg^{-1}) 为

$$R_{sample} = R_{total} - R_{air} \tag{6-6}$$

(8) 试件的水蒸气渗透系数为

$$\delta_v = \frac{d}{R_{sample}} \tag{6-7}$$

以上各式中，d 为试件厚度，m；$\delta_{v,air}$ 为静止空气的水蒸气渗透系数，常温常压下可取 2×10^{-10}kg·m^{-1}·s^{-1}·Pa^{-1}。

6.1.5 注意事项

(1) 实验过程中需尽量保持环境温度恒定，以免相对湿度和水蒸气分压力发生变化。

(2) 实验可采用不同种类的饱和盐溶液以营造需要的相对湿度(详见附录 2)，也可在外部使用其他的湿度调控装置。配置饱和盐溶液时，应使用过量的盐分，以使溶液中存在未溶解的晶体。

(3) 过去常在 0～50% 和 50%～100% 两组相对湿度下进行本实验，前者称为干

杯实验(或干法)，后者称为湿杯实验(水法)。但根据实测经验，当湿流量较大时，干燥剂容易明显受潮，无法保持相对湿度接近 0，因此需小心检查；此外，使用纯水营造100%的相对湿度时容易因环境温度波动而导致水蒸气冷凝和试件过度吸湿，使实验结果受液态水传递的明显影响，因此也不推荐。表 6-1 为实践中表现较好的两组相对湿度范围，也可根据实际需要进行调整。

表 6-1   水蒸气渗透实验建议的相对湿度

工况	整体湿度环境	低湿侧相对湿度/%	高湿侧相对湿度/%
	干	11	54
1	中等	54	84
	湿	84	94 或 97
2	干	11	54
	湿	54	94 或 97

(4)为保证测试精度，试件的尺寸不宜过大或过小，建议横截面积为 50～200cm^2、厚度为 1～4cm(保证试件的等效空气层厚度在 0.2m 左右)。

(5)若试件底部被密封盖部分遮挡，则需对测试结果进行修正，详见 ISO 12572[63]标准。

(6)在相同湿度工况下，一般使用 3～5 个试件进行平行测试。

(7)对包含试件的渗透杯进行称重时，应小心平稳取放，避免杯内溶液溅湿试件。

(8)通过线性拟合求取水蒸气的湿流量时，其值可正可负，符号表示湿流方向，应取其绝对值。

(9)若要考虑毛细滞后现象，可在实验结束时破坏试件，取较大部分迅速通过称重法获得其含湿量，然后将水蒸气渗透系数表达为含湿量的函数。若忽略毛细滞后现象，则可将水蒸气渗透系数表达为试件两侧平均相对湿度的函数[64]。

(10)以上数据处理方法中，未考虑试件外侧的传质阻力。为减小误差，应使用风扇等装置加速试件外侧的空气流动。

(11)在以上数据处理方法中，未考虑渗透杯和密封盖交界处的泄漏。对于常见的多孔建筑材料，当使用气密性较好的渗透杯进行测试时，该泄漏造成的影响一般小于 5%，可忽略不计。

6.1.6   测试实例

某实验室在 23.1℃下进行了一次水蒸气渗透实验，得到某多孔建筑材料的原始数据见表 6-2。试计算其水蒸气渗透系数。

表 6-2　水蒸气渗透实验中某多孔建筑材料的原始数据

	试件编号		
	1	2	3
试件直径/mm	79.57	79.68	79.66
试件厚度/mm	29.62	29.66	29.10
空气层厚度/cm	1.8	1.7	2.1
相对湿度/%	84.7~97.4	53.5~84.7	11.3~53.5
称重时间	质量/g	质量/g	质量/g
12 月 2 日 10:50 AM	1354.01	1372.66	1355.55
12 月 5 日 10:00 AM	1353.71	1371.96	1356.41
12 月 8 日 02:50 PM	1353.38	1371.22	1357.38
12 月 12 日 09:25 AM	1353.00	1370.34	1358.52
12 月 15 日 11:30 AM	1352.67	1369.62	1359.47
12 月 19 日 09:45 AM	1352.25	1368.71	1360.63

解：根据式(6-1)～式(6-7)对原始数据进行处理，可得表 6-3 所示数据。

表 6-3　水蒸气渗透实验中某多孔建筑材料的水蒸气渗透系数

	试件编号		
	1	2	3
湿流量/(kg·s^{-1})	1.20×10^{-9}	2.70×10^{-9}	3.48×10^{-9}
湿流密度/(kg·m^{-2}·s^{-1})	2.41×10^{-7}	5.40×10^{-7}	6.99×10^{-7}
水蒸气分压力差/Pa	358.8	881.3	1192.1
总阻力/(m^2·s·Pa·kg^{-1})	1.49×10^{9}	1.63×10^{9}	1.71×10^{9}
空气层阻力/(m^2·s·Pa·kg^{-1})	9.10×10^{7}	8.60×10^{7}	1.06×10^{8}
试件阻力/(m^2·s·Pa·kg^{-1})	1.40×10^{9}	1.54×10^{9}	1.60×10^{9}
水蒸气渗透系数/(kg·m^{-1}·s^{-1}·Pa^{-1})	2.12×10^{-11}	1.92×10^{-11}	1.82×10^{-11}

从表 6-2 可以看出，在较高和较低的相对湿度下，该材料的水蒸气渗透系数变化不到 17%，说明其吸湿能力较弱，因此可以忽略毛细滞后现象，将其水蒸气渗透系数表达为相对湿度的函数：

$$\delta_v = 1.81\times10^{-11} + 0.44\times10^{-11}\times\varphi^{3.81} \quad (R^2 > 0.99)$$

其示意图如图 6-3 所示。

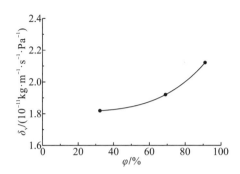

图 6-3   水蒸气渗透实验测得的多孔建筑材料水蒸气渗透系数

6.2   水 头 实 验

水头实验可以测得多孔建筑材料在饱和或接近饱和状态下的液态水渗透系数 $K_1(\text{kg}\cdot\text{m}^{-1}\cdot\text{s}^{-1}\cdot\text{Pa}^{-1})$。

本实验主要参考 ISO 17892-11[153]和 ASTM D2434[154]标准以及其他相关的研究[155-157]。

6.2.1   实验原理

在饱和或接近饱和的状态下，多孔建筑材料内部的毛细压力为 0。假设空气压力恒定，并在试件两侧分别加以水头，则液态水可以在水头压力 $p_{\text{head}}(\text{Pa})$ 的作用下透过试件。通过实验测得水流密度后，即可根据达西定律求得试件的液态水渗透系数。

水头实验分为常水头法和变水头法。常水头实验中，试件两侧的水头高度均保持不变，透过试件的水流密度恒定，数据处理方法简单，但仪器装置相对复杂；变水头实验中，出水侧的水头高度保持不变，而供水侧的水头高度持续下降，透过试件的水流密度不恒定，数据处理方法较复杂，但仪器装置相对简单。本节介绍变水头实验。

6.2.2   仪器装置

变水头实验的测试装置可以直接购买或自制，其示意图和照片分别见图 6-4 和图 6-5。

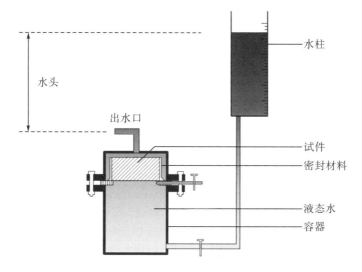

图 6-4　变水头实验装置示意图

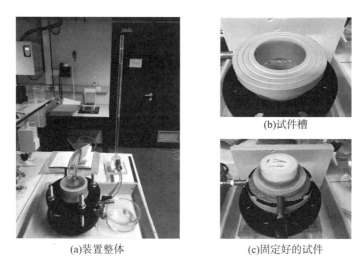

(b)试件槽

(a)装置整体　　　　　　　　　(c)固定好的试件

图 6-5　变水头实验装置照片

6.2.3　操作步骤

（1）根据实验装置的大小和形状，将多孔建筑材料加工成适当尺寸的试件。

（2）用游标卡尺测量试件的尺寸（精确到 0.01mm），每个方向上的测量至少重复 4 次并取平均值。

（3）在试件的侧面刷一层环氧树脂，操作时尽量避免其渗入试件内部。

（4）将试件预处理到需要的含湿量附近，然后用丁基胶带将其固定在试件槽上，注意试件底部不要紧贴试件槽。

(5)用螺丝和橡胶圈密封好容器，然后向水柱中注入液态水，同时调节试件槽处的阀门，将容器内的空气全部排出。

(6)当有水从出水口流出时开始计时，每隔一段时间记录水头的高度 $H_{\text{head}}(\text{m})$ 和时间 $\tau\,(\text{s})$，连续记录至少 6 次。

(7)取下试件并将其破坏，取较大部分迅速通过称重法获得其含湿量。

(8)在其他湿度条件下重复上述过程，直至得到所有需要的结果。

6.2.4　数据处理

设水柱横截面积为 $A^*(\text{m}^2)$，则水头下降过程中的湿流量 $G_1(\text{kg}\cdot\text{s}^{-1})$ 为

$$G_1 = \rho_1 \cdot \frac{\mathrm{d}V}{\mathrm{d}\tau} = -\rho_1 \cdot A^* \cdot \frac{\mathrm{d}H_{\text{head}}}{\mathrm{d}\tau} \tag{6-8}$$

设试件横截面积为 $A(\text{m}^2)$、厚度为 $d(\text{m})$，由达西定律可知透过试件的湿流量为

$$G_1 = K_1 \cdot A \cdot \frac{\rho_1 \cdot g \cdot H_{\text{head}}}{d} \tag{6-9}$$

根据质量守恒，式(6-8)和式(6-9)相等，故有

$$K_1 \cdot A \cdot \frac{\rho_1 \cdot g \cdot H_{\text{head}}}{d} = -\rho_1 \cdot A^* \cdot \frac{\mathrm{d}H_{\text{head}}}{\mathrm{d}\tau} \tag{6-10}$$

最终化简可得

$$\ln H_{\text{head}}(\tau) = -K_1 \cdot \frac{A \cdot g}{A^* \cdot d} \cdot \tau + \ln H_{\text{head}} \quad (\tau = 0) \tag{6-11}$$

以上各式中，ρ_1 为液态水的密度，$\text{kg}\cdot\text{m}^{-3}$；$g$ 为重力加速度，$9.81\text{m}\cdot\text{s}^{-2}$。将各常数和不同时刻测得的水头高度代入式(6-11)，即可计算得到试件的液态水渗透系数。

6.2.5　注意事项

(1)多孔建筑材料的液态水渗透系数会受温度的明显影响，因此应尽量在同一温度下(波动不宜超过 1℃)进行所有试件的水头实验，并记录环境温度。

(2)试件的侧面须严格密封，以防出现侧向渗漏。

(3)建议通过预实验估计试件的液态水渗透系数，以合理选择水柱的横截面积，避免正式实验过程中水头高度下降过快或过慢。

(4)在水头下降过程中，若液面高度不易准确读取，则可对同一试件进行多次重复测试。

(5)由实验原理可知，本实验中试件的含湿量下限为毛细含湿量，而上限为饱和含湿量。二者之间一般可设置 3~6 个测试点。

(6)若所需含湿量为毛细含湿量或与之接近，则可直接使用干燥试件进行测试，并适当调节试件的浸水时长。若所需含湿量为饱和含湿量或与之接近，则应通过真空饱和实验使试件达到饱和状态，然后适当放湿。

6.2.6　测试实例

某实验室在 22.5℃下进行了变水头实验，得到某试件(密度：1818kg·m^{-3})的原始数据见表 6-4，试计算其液态水渗透系数(试件直径：79.64mm，试件厚度：19.35mm，水柱直径：103.53mm，试件干重：87.795g，试件湿重：102.309g)。

表 6-4　水蒸气渗透实验中某试件的原始数据

时刻/s	水头高度/cm
0	74.7
300	71.1
540	68.6
840	65.7
1140	62.9
1440	60.6
1800	57.7

解：取液态水密度为 998kg·m^{-3}。根据式(6-11)对原始数据进行处理，可得试件的液态水渗透系数为 4.75×10^{-7} kg·m^{-1}·s^{-1}·Pa^{-1}，对应的含湿量为 300.5kg·m^{-3}。

6.3　毛细吸水实验

毛细吸水实验可以测得多孔建筑材料的吸水系数 A_{cap}(kg·m^{-2}·s$^{-0.5}$)和毛细含湿量 w_{cap}(kg·m^{-3})。

本实验主要参考 T/CECS 10203—2022[134]、ISO 15148[158] 和 ASTM C1794[103] 标准以及其他相关的研究[43,54,77,122]。

6.3.1　实验原理

若使干燥规整试件的底部接触液态水，则试件可以通过毛细作用进行一维吸水。称取试件在不同时刻的总吸水量并忽略重力的影响，则单位面积的吸水量与时间的平方根将呈线性关系，其斜率即为吸水系数。当液面到达试件的顶端后，试件内部的毛细压力为 0，此时试件无法再通过毛细作用继续吸水，其含湿量即为毛细含湿量。

6.3.2　仪器装置

毛细吸水实验的测试装置一般为自制，其示意图和照片分别见图6-6和图6-7。

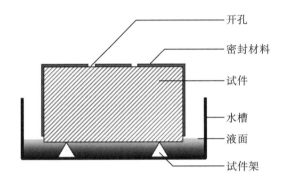

图 6-6　毛细吸水实验装置示意图

(a)装置整体　　　　　　　　　(b)试件的侧面密封及浸水部分

图 6-7　毛细吸水实验装置照片

6.3.3　操作步骤

（1）将待测材料加工成圆柱体或立方体形状的试件，用游标卡尺测量试件的尺寸（精确到 0.01mm），每个方向上的测量至少重复 4 次并取平均值。

（2）用铝箔、塑料薄膜、环氧树脂等不吸水的材料将试件的侧面和顶部密封，以防测试过程中试件内水分蒸发。

（3）称取试件连同密封材料的干重 m_{dry}（kg）。

（4）将放置到室温的纯水倒入水槽，使液面高于试件架顶端 5mm 左右。

（5）将试件轻放到试件架上，同时开始计时。

(6)每隔一段时间将试件从水槽中取出,用湿布或湿海绵擦去底部的附着水后称其湿重 m_{wet}(kg),然后放回试件架上使其继续吸水。

(7)待试件吸水的第二阶段(详见 6.3.4 节)有至少 5 个测试点后,停止实验。

6.3.4　数据处理

(1)计算试件在各个时刻的总吸水量 m_{water}(kg),即

$$m_{water} = m_{wet} - m_{dry} \tag{6-12}$$

(2)以时间的平方根为横坐标、单位面积 A(m^2)的总吸水量为纵坐标,绘制其吸水过程的示意图(图 6-8)。其中快速吸水为第一阶段,缓慢吸水为第二阶段。

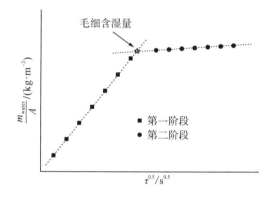

图 6-8　毛细吸水实验的两个阶段

(3)对第一阶段的数据点进行线性拟合,其斜率即为吸水系数:

$$\frac{m_{water}}{A} = A_{cap} \cdot \sqrt{\tau} + k \tag{6-13}$$

(4)对第二阶段的数据点进行线性拟合,并求取其与第一阶段拟合直线的交点,其对应的含湿量即为毛细含湿量:

$$w_{cap} = \left. \frac{m_{water}}{A} \cdot \frac{1}{d} \right|_{crosspoint} \tag{6-14}$$

(5)若重力的影响明显,则第一阶段会呈向下弯曲的曲线而非直线,此时应用式(6-15)[77]对数据点进行拟合。

$$\frac{m_{wet}(\tau) - m_{dry}}{A} = A_{cap} \cdot k_1 \cdot \left(0.5103 - 1.3849 \cdot e^{-\frac{\tau}{k_1^2 - 1}} \right)^{0.3403} + k_2 \tag{6-15}$$

以上各式中, τ 为时间,s; d 为试件高度,m; k、k_1、k_2 均为拟合参数。

6.3.5 注意事项

(1)多孔建筑材料的吸水系数受温度的明显影响,因此应尽量维持环境温度恒定,并在实验过程中持续监测水温。若水槽中的水蒸发过快造成水温降低明显,则可将整个装置放于一密闭容器(图6-9)中。容器下部可盛水并与水槽直接接触,以提高热稳定性。

图6-9 放于密闭容器中的毛细吸水实验装置

(2)试件架应采用塑料、不锈钢等惰性材料制成,且与试件底部的接触面积应尽量小。

(3)试件尺寸不宜过大或过小,建议单个试件的底面积为 20~100cm²、高度为 5~20cm。

(4)一般应使用 3~5 个试件进行平行测试。

(5)对试件进行密封时,侧面靠近底部的 1cm 左右无须密封,以免密封材料在测试过程中直接接触到液面;顶部也应留出 1~2 个开孔,方便吸水过程中试件内部的空气排出。

(6)建议通过预实验估计材料的吸水速度,以合理选择试件高度和称重时间间隔。第一阶段一般应有 6~10 个分布较均匀的测试点。

(7)试件的称重过程应迅速完成,单次称重应控制在 20s 以内。

(8)进行数据处理时,试件称重过程中离开液面的累积时间应从总时间中扣除。

6.3.6 测试实例

某实验室在 21.2℃下进行了毛细吸水实验,得到某试件的原始数据见表 6-5,试计算其吸水系数和毛细含湿量(试件高度：120.18mm,试件宽度：79.59mm,试件厚度：39.56mm,密封试件干重：673.051g,单次称重时长：20s)。

表 6-5　毛细吸水实验中某试件的原始数据

时刻/s	湿重/g	时刻/s	湿重/g
60	688.337	1800	750.028
180	697.489	2400	751.418
300	704.221	3600	751.934
420	709.854	4800	752.253
600	717.249	6000	752.412
900	727.841	7500	752.520
1200	736.832	9060	752.744
1500	744.798		

解：对原始数据进行处理，可得如图 6-10 所示结果。

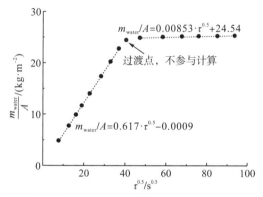

图 6-10　毛细吸水实验测得的某试件吸水过程

由图 6-10 可知，该试件的吸水系数为 $0.617 \mathrm{kg \cdot m^{-2} \cdot s^{-0.5}}$。第一阶段和第二阶段拟合直线的交点纵坐标为 24.88，故毛细含湿量为 $207.0 \mathrm{kg \cdot m^{-3}}$。

6.4　X 射线衰减实验

X 射线衰减实验可以测得多孔建筑材料的液态水扩散系数 $D_\mathrm{l}(\mathrm{m^2 \cdot s^{-1}})$。本实验暂未标准化，主要参考以往的相关研究[159,160]。

6.4.1　实验原理

X 射线在水中会发生衰减。设试件厚度为 $d(\mathrm{m})$、含湿量为 $w(\mathrm{kg \cdot m^{-3}})$，则相同入射强度的 X 射线穿透含水试件和干燥试件后的强度之比 $(I_\mathrm{wet}/I_\mathrm{dry})$ 满足[160]

$$w = -\frac{\rho_1}{d \cdot \mu_1} \ln \frac{I_{\text{wet}}}{I_{\text{dry}}} \qquad (6\text{-}16)$$

式中，ρ_1 为水的密度，kg·m^{-3}；μ_1 为 X 射线在水中的衰减系数，m^{-1}。由此即可非破坏性地测得试件的含湿量。

在毛细吸水实验过程中，若采用上述方法，则能获得试件在不同时刻各位置的含湿量分布，经玻尔兹曼变换处理后，最终可得液态水扩散系数。

6.4.2 仪器装置

X 射线仪一般直接购买，而毛细吸水实验装置应根据 X 射线仪自制。X 射线衰减实验装置示意图和照片分别见图 6-11 和图 6-12。

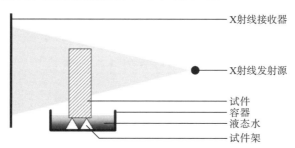

图 6-11 X 射线衰减实验装置示意图

(a)X射线发射源　　(b)试件台及X射线接收器　　(c)试件及毛细吸水装置

(d)操作系统及软件

图 6-12 X 射线衰减实验装置照片

6.4.3　操作步骤

(1)将待测材料加工成立方体形状的试件,用游标卡尺测量试件的厚度及高度(精确到 0.01mm），每个方向上的测量至少重复 4 次并取平均值。

(2)参照毛细吸水实验制作实验装置,将其固定到 X 射线仪的试件台上,完成位置调校、仪器预热和校准等。

(3)用塑料薄膜将干燥试件的侧面和顶部密封,以防测试过程中试件内水分蒸发。

(4)在试件正面的顶部和底部贴上小块的金属片,用于后续操作及图像处理时的定位。

(5)将密封好的试件和参考样品放到毛细吸水装置上,保持其正面与 X 射线接收器平行,然后用 X 射线装置进行扫描,获得 X 射线穿透干燥试件及参考样品后的强度分布图(图 6-13)。

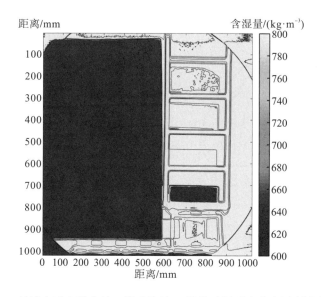

图 6-13　X 射线衰减实验中某干燥试件的 X 射线透射强度分布图(彩图见附图)

(6)将放置到室温的纯水倒入水槽,当试件底部接触液面时开始计时,当液面浸没试件底部 6mm 左右时停止倒水。

(7)每隔一段时间用 X 射线装置对试件及参考样品进行扫描,获得穿透后的强度分布图。

(8)当对毛细吸水第一阶段完成 6～10 次扫描后停止测试。

6.4.4　数据处理

（1）假定参考样品在测试过程中的含湿量始终为 0，对各次扫描时的 X 射线入射和穿透强度进行修正。

（2）根据式（6-16）求取各次扫描时试件的含湿量分布。

（3）对试件中间约 1/3 宽度的部分取含湿量平均值，以从底部垂直向上的距离为横坐标、含湿量为纵坐标，绘制如图 6-14 所示的含湿量分布图。

（4）定义玻尔兹曼变量 $\lambda^* = x / \sqrt{\tau}$ （m·s$^{-0.5}$），则图 6-14 经重新处理后可得如图 6-15 所示的 $w\text{-}\lambda^*$ 特征曲线，其解析方程为[161]

$$w = -[k_1 + k_2 \cdot \arctan(k_3 \cdot \lambda^* + k_4)] \tag{6-17}$$

式中，$k_1 \sim k_4$ 均为拟合参数。

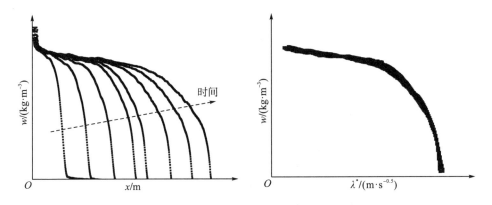

图 6-14　X 射线衰减实验中的含湿量分布图　图 6-15　经玻尔兹曼变换处理后的 $w\text{-}\lambda^*$ 特征曲线

（5）根据 $w\text{-}\lambda^*$ 特征曲线，可由式（6-18）[159]求得不同含湿量下试件的液态水扩散系数：

$$D_1 = -\frac{1}{2} \cdot \frac{\int_0^w \lambda^* \mathrm{d}w}{\left(\dfrac{\mathrm{d}w}{\mathrm{d}\lambda^*}\right)_w} \tag{6-18}$$

6.4.5　注意事项

（1）X 射线对人体有强烈伤害，实验过程中务必做好辐射防护。

(2) 多孔建筑材料的液态水扩散系数受温度的明显影响, 因此应尽量维持环境温度恒定, 并在实验开始和结束时测量水温。

(3) 试件尺寸不宜过大或过小, 一般厚度为 1～3cm、宽度为 5～10cm、高度为 5～20cm。

(4) X 射线装置应根据扫描图像的清晰度对电压、电流、IRIS 等参数进行优化设置。

(5) 为降低背景随机噪声, 可在每次扫描时连续拍摄多张照片后取平均值。

(6) w-λ^* 特征曲线与纵坐标轴的交点应等于该材料的毛细含湿量, 与两条坐标轴所围面积应等于吸水系数[159], 否则应加以修正。

(7) 除 X 射线外, 还可采用 γ 射线[162-164]、核磁共振(nuclear magnetic resonance, NMR)[76,165]等技术手段获得毛细吸水过程中试件的瞬态含湿量分布, 然后经玻尔兹曼变换求得液态水扩散系数。

6.4.6　测试实例

对某种多孔建筑材料进行 X 射线衰减实验, 获得其含湿量分布及 w-λ^* 特征曲线的原始数据分别见图 6-16 和图 6-17。用式(6-17)对 w-λ^* 特征曲线进行拟合, 结果如图 6-18 所示, 其函数为

$$w = -[35.2 + 169.8 \cdot \arctan(3935 \cdot \lambda^* + 14.1)] \qquad (R^2 = 0.99)$$

用式(6-18)对 w-λ^* 特征曲线拟合结果进行处理, 得该材料的液态水扩散系数(图 6-19)。

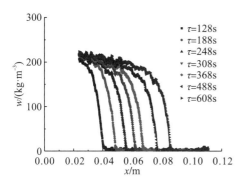

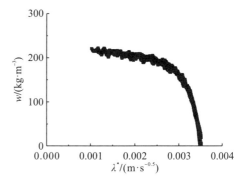

图 6-16　X 射线衰减实验测得的某多孔建筑材料毛细吸水过程含湿量分布的原始数据（彩图见附图）

图 6-17　X 射线衰减实验测得的某多孔建筑材料毛细吸水过程 w-λ^* 特征曲线的原始数据

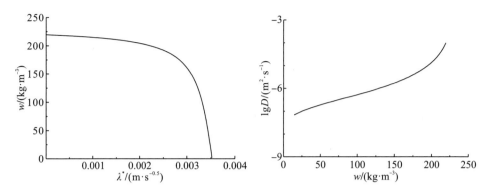

图 6-18　X 射线衰减实验测得的某多孔建筑   图 6-19　X 射线衰减实验测得的某多孔建筑
材料毛细吸水过程 w-λ^* 特征曲线的拟合结果   材料的液态水扩散系数

第7章　多孔建筑材料热湿物理性质

本章总结了 20 多种典型多孔建筑材料的热湿物理性质,可作为科学研究和工程实践的参考。

7.1　数　据　说　明

本章数据主要有四个来源:①本书作者及团队的实际测试;②IEA Annex 14[166]、IEA Annex 24[167]和 ASHRAE Research Project 1018-RP[168]等项目的报告;③Delphin®和 WUFI®软件自带的物性数据库;④其他相关的测试结果。

由于原材料及加工工艺的区别,本章的数据可能与各实验室或工程项目中实际使用材料的性质有 30%甚至更大差异,请务必注意。除湿物理性质外,密度、孔隙率、导热系数、比热等热湿耦合分析常用的材料物理性质也一并包含。其中导热系数λ(W·m^{-1}·K^{-1})采用线性模型考虑温度和含湿量的影响,见式(7-1)[25]。

$$\lambda = \lambda_{dry} + k_1 \cdot w + k_2 \cdot t \tag{7-1}$$

式中,λ_{dry} 为干燥状态下材料的导热系数,W·m^{-1}·K^{-1};w 为质量体积比含湿量,kg·m^{-3};t 为温度,℃;k_1 和 k_2 均为系数。

对于湿物理性质,本章数据不考虑毛细滞后现象,仅给出始于饱和含湿量的放湿曲线。此外,吸湿范围和超吸湿范围的过渡区间需谨慎处理。

除特殊说明外,本章数据均为室温(20~25℃)下的取值。

7.2　典型多孔建筑材料热湿物理性质

1. 混凝土

密度:2130kg·m^{-3}

比热:730J·kg^{-1}·K^{-1}

吸水系数:0.035kg·m^{-2}·s$^{-0.5}$

毛细含湿量:131kg·m^{-3}

饱和含湿量：201kg·m^{-3}

孔隙率：20.1%

导热系数：

$$\lambda(\mathrm{W}\cdot\mathrm{m}^{-1}\cdot\mathrm{K}^{-1}) = 0.55 + 0.0008 \times w$$

等温放湿曲线：

$$w(\mathrm{kg}\cdot\mathrm{m}^{-3}) = \ln\frac{(100\varphi+1)^{4.78}}{(1-\varphi)^{19.69}}$$

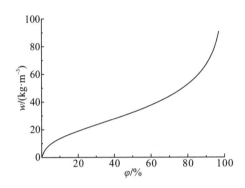

保水曲线：

$$w(\mathrm{kg}\cdot\mathrm{m}^{-3}) = 201 \times \frac{1}{\{1 + [0.15 \times \lg(-p_{\mathrm{cap}})]^{5.46}\}^{0.762}}$$

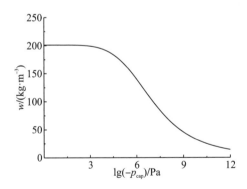

水蒸气渗透系数：

$$\delta_{\mathrm{v}}(\mathrm{kg}\cdot\mathrm{m}^{-1}\cdot\mathrm{s}^{-1}\cdot\mathrm{Pa}^{-1}) = 3.4 \times 10^{-12} + 1.1 \times 10^{-11} \times \varphi^{6.34}$$

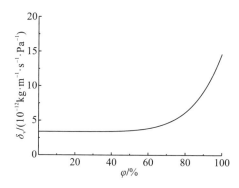

液态水渗透系数：

$$K_1(\mathrm{kg}\cdot\mathrm{m}^{-1}\cdot\mathrm{s}^{-1}\cdot\mathrm{Pa}^{-1}) = 1.7\times10^{-12}\times\left(\frac{w}{201}\right)^{9.89}$$

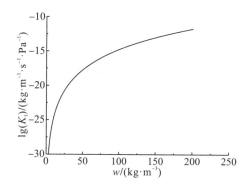

2. 加气混凝土

密度：650kg·m^{-3}

比热：776J·kg^{-1}·K^{-1}

吸水系数：0.14kg·m^{-2}·s$^{-0.5}$

毛细含湿量：351kg·m^{-3}

饱和含湿量：745kg·m^{-3}

孔隙率：74.5%

导热系数：

$$\lambda(\mathrm{W}\cdot\mathrm{m}^{-1}\cdot\mathrm{K}^{-1}) = 0.118 + 0.001\times w + 0.0002\times t$$

等温放湿曲线：

$$w(\mathrm{kg}\cdot\mathrm{m}^{-3}) = \ln\frac{(100\varphi+1)^{0.515}}{(1-\varphi)^{3.15}}$$

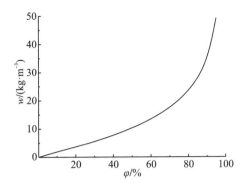

保水曲线：

$$w(\text{kg} \cdot \text{m}^{-3}) = 745 \times \left(\frac{0.384}{\{1 + [0.155 \times \lg(-p_{\text{cap}})]^{27.96}\}^{0.964}} + \frac{0.616}{\{1 + [0.288 \times \lg(-p_{\text{cap}})]^{8.06}\}^{0.876}} \right)$$

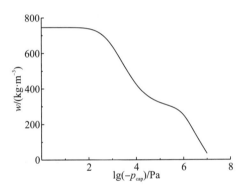

水蒸气渗透系数：

$$\delta_{\text{v}}(\text{kg} \cdot \text{m}^{-1} \cdot \text{s}^{-1} \cdot \text{Pa}^{-1}) = 3.99 \times 10^{-11} + 1.72 \times 10^{-11} \times \varphi^{3.89}$$

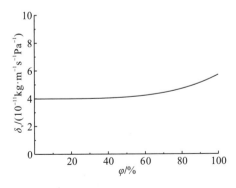

液态水渗透系数：

$$K_{\text{l}}(\text{kg} \cdot \text{m}^{-1} \cdot \text{s}^{-1} \cdot \text{Pa}^{-1}) = 1.3 \times 10^{-7} \times \left(\frac{w}{745} \right)^{14.43}$$

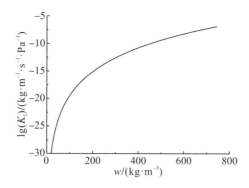

3. 纤维水泥

密度：970kg·m^{-3}

比热：840J·kg^{-1}·K^{-1}

吸水系数：0.024kg·m^{-2}·s$^{-0.5}$

毛细含湿量：358kg·m^{-3}

饱和含湿量：430kg·m^{-3}

孔隙率：43%

导热系数：

$$\lambda(\text{W}\cdot\text{m}^{-1}\cdot\text{K}^{-1}) = 0.14 + 0.0006 \times w + 0.0002 \times t$$

等温放湿曲线：

$$w(\text{kg}\cdot\text{m}^{-3}) = \ln\frac{(100\varphi+1)^{-4.86}}{(1-\varphi)^{132.92}} + 6.75\times10^{-41}\times\text{e}^{100\varphi}$$

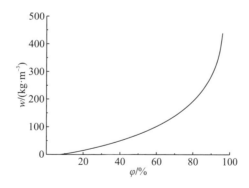

保水曲线：

$$w(\text{kg}\cdot\text{m}^{-3}) = 430 \times \frac{1}{\{1+[0.1\times\lg(-p_{\text{cap}})]^{5.54}\}^{0.819}}$$

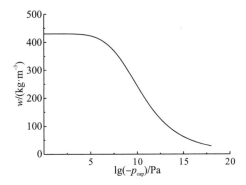

水蒸气渗透系数：

$$\delta_{\mathrm{v}}(\mathrm{kg}\cdot\mathrm{m}^{-1}\cdot\mathrm{s}^{-1}\cdot\mathrm{Pa}^{-1})=7.8\times10^{-13}+2.78\times10^{-11}\times\varphi^{5.94}$$

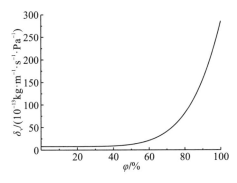

液态水渗透系数：

$$K_{\mathrm{l}}(\mathrm{kg}\cdot\mathrm{m}^{-1}\cdot\mathrm{s}^{-1}\cdot\mathrm{Pa}^{-1})=5.91\times10^{-13}\times\left(\frac{w}{430}\right)^{4.68}$$

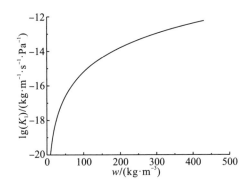

4. 陶瓷砖

密度：$1720\mathrm{kg}\cdot\mathrm{m}^{-3}$

比热：$920 \text{J} \cdot \text{kg}^{-1} \cdot \text{K}^{-1}$

吸水系数：$0.49 \text{kg} \cdot \text{m}^{-2} \cdot \text{s}^{-0.5}$

毛细含湿量：$192 \text{kg} \cdot \text{m}^{-3}$

饱和含湿量：$265 \text{kg} \cdot \text{m}^{-3}$

孔隙率：26.5%

导热系数：

$$\lambda(\text{W} \cdot \text{m}^{-1} \cdot \text{K}^{-1}) = 1.02 + 0.0044 \times w + 0.0004 \times t$$

等温放湿曲线：

$$w(\text{kg} \cdot \text{m}^{-3}) = \ln \frac{(100\varphi + 1)^{0.124}}{(1-\varphi)^{0.04}}$$

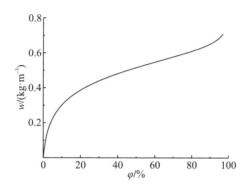

保水曲线：

$$w(\text{kg} \cdot \text{m}^{-3}) = 265 \times \frac{1}{\{1 + [0.211 \times \lg(-p_{\text{cap}})]^{13.11}\}^{0.924}}$$

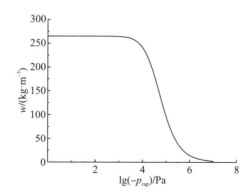

水蒸气渗透系数：

$$\delta_{\text{v}}(\text{kg} \cdot \text{m}^{-1} \cdot \text{s}^{-1} \cdot \text{Pa}^{-1}) = 1.5 \times 10^{-11} + 5.82 \times 10^{-10} \times \varphi^{41.1}$$

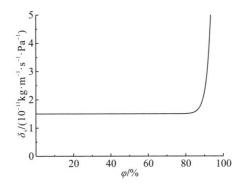

液态水渗透系数:

$$K_1(\text{kg} \cdot \text{m}^{-1} \cdot \text{s}^{-1} \cdot \text{Pa}^{-1}) = 8.18 \times 10^{-7} \times \left(\frac{w}{265}\right)^{6.01}$$

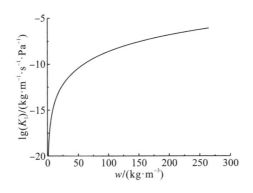

5. 黏土砖

密度: 1980kg·m^{-3}

比热: 840J·kg^{-1}·K^{-1}

吸水系数: 0.17kg·m^{-2}·s$^{-0.5}$

毛细含湿量: 304kg·m^{-3}

饱和含湿量: 380kg·m^{-3}

孔隙率: 38%

导热系数:

$$\lambda(\text{W} \cdot \text{m}^{-1} \cdot \text{K}^{-1}) = 0.401 + 0.004 \times w + 0.00076 \times t$$

等温放湿曲线:

$$w(\text{kg} \cdot \text{m}^{-3}) = \ln \frac{(100\varphi + 1)^{-10.61}}{(1-\varphi)^{40.17}} + 1.46 \times 10^{-40} \times e^{100\varphi}$$

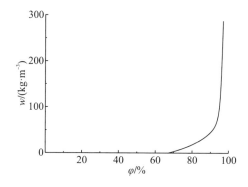

保水曲线：

$$w(\mathrm{kg \cdot m^{-3}}) = 380 \times \frac{1}{\{1 + [0.153 \times \lg(-p_{\mathrm{cap}})]^{6.27}\}^{0.841}}$$

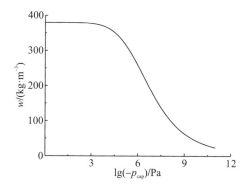

水蒸气渗透系数：

$$\delta_{\mathrm{v}}(\mathrm{kg \cdot m^{-1} \cdot s^{-1} \cdot Pa^{-1}}) = 4.04 \times 10^{-12} + 1.66 \times 10^{-12} \times \varphi^{1.18}$$

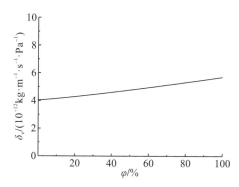

液态水渗透系数：

$$K_{\mathrm{l}}(\mathrm{kg \cdot m^{-1} \cdot s^{-1} \cdot Pa^{-1}}) = 6.43 \times 10^{-10} \times \left(\frac{w}{380}\right)^{25.06}$$

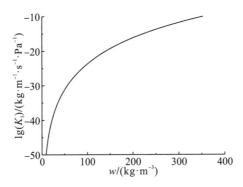

6. 生土

密度：1830kg·m^{-3}

比热：664J·kg^{-1}·K^{-1}

吸水系数：0.031kg·m^{-2}·s$^{-0.5}$

毛细含湿量：233kg·m^{-3}

饱和含湿量：277kg·m^{-3}

孔隙率：27.7%

导热系数：

$$\lambda(\mathrm{W \cdot m^{-1} \cdot K^{-1}}) = 0.793 + 0.004 \times w + 0.002 \times t$$

等温放湿曲线：

$$w(\mathrm{kg \cdot m^{-3}}) = \ln \frac{(100\varphi + 1)^{6.97}}{(1-\varphi)^{14.49}} + 3.65 \times 10^{-42} \times \mathrm{e}^{100\varphi}$$

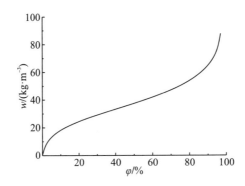

保水曲线：

$$w(\mathrm{kg \cdot m^{-3}}) = 277 \times \left(\frac{0.692}{\{1 + [0.176 \times \lg(-p_{\mathrm{cap}})]^{18.06}\}^{0.945}} + \frac{0.308}{\{1 + [0.133 \times \lg(-p_{\mathrm{cap}})]^{2.38}\}^{0.58}} \right)$$

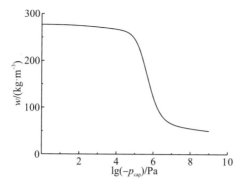

水蒸气渗透系数：

$$\delta_{\mathrm{v}}(\mathrm{kg\cdot m^{-1}\cdot s^{-1}\cdot Pa^{-1}}) = 1.14\times10^{-11} + 6.38\times10^{-11}\times\varphi^{5.91}$$

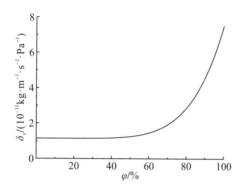

液态水渗透系数：

$$K_{\mathrm{l}}(\mathrm{kg\cdot m^{-1}\cdot s^{-1}\cdot Pa^{-1}}) = 1.7\times10^{-4}\times\left(\frac{w}{277}\right)^{2.75}$$

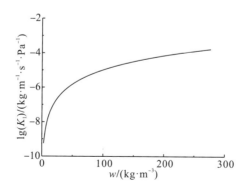

7. 石灰石

密度：$2500\mathrm{kg\cdot m^{-3}}$

比热：$840\mathrm{J\cdot kg^{-1}\cdot K^{-1}}$

吸水系数：$0.031\mathrm{kg\cdot m^{-2}\cdot s^{-0.5}}$

毛细含湿量：$40\mathrm{kg\cdot m^{-3}}$

饱和含湿量：$50\mathrm{kg\cdot m^{-3}}$

孔隙率：5%

导热系数：

$$\lambda(\mathrm{W\cdot m^{-1}\cdot K^{-1}}) = 0.7 + 0.003 \times w + 0.0002 \times t$$

等温放湿曲线：

$$w(\mathrm{kg\cdot m^{-3}}) = \ln\frac{(100\varphi+1)^{-0.253}}{(1-\varphi)^{1.75}} + 1.62\times10^{-42}\times\mathrm{e}^{100\varphi}$$

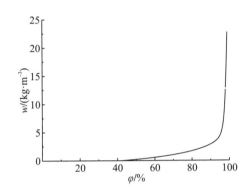

保水曲线：

$$w(\mathrm{kg\cdot m^{-3}}) = 50\times\frac{1}{\{1+[0.282\times\lg(-p_{\mathrm{cap}})]^{9.6}\}^{0.896}}$$

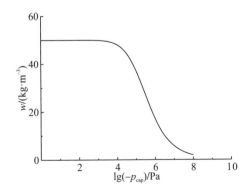

水蒸气渗透系数：

$$\delta_{\mathrm{v}}(\mathrm{kg\cdot m^{-1}\cdot s^{-1}\cdot Pa^{-1}}) = 2.71\times10^{-13} + 1.82\times10^{-10}\times\varphi^{97.77}$$

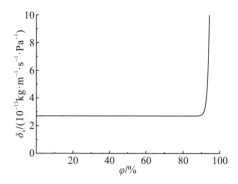

液态水渗透系数：

$$K_1(\text{kg} \cdot \text{m}^{-1} \cdot \text{s}^{-1} \cdot \text{Pa}^{-1}) = 3.91 \times 10^{-16} \times \left(\frac{w}{50}\right)^{2.24}$$

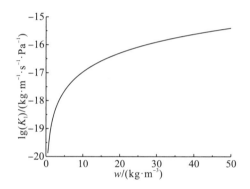

8. 抹面胶

密度：1530kg·m^{-3}

比热：478J·kg^{-1}·K^{-1}

吸水系数：0.055kg·m^{-2}·s$^{-0.5}$

毛细含湿量：256kg·m^{-3}

饱和含湿量：441kg·m^{-3}

孔隙率：44.1%

导热系数：

$$\lambda(\text{W} \cdot \text{m}^{-1} \cdot \text{K}^{-1}) = 0.29 + 0.0008 \times w$$

等温放湿曲线：

$$w(\text{kg} \cdot \text{m}^{-3}) = \ln\frac{(100\varphi + 1)^{0.006}}{(1 - \varphi)^{15.04}}$$

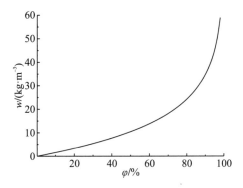

水蒸气渗透系数：

$$\delta_v(\text{kg}\cdot\text{m}^{-1}\cdot\text{s}^{-1}\cdot\text{Pa}^{-1}) = 1.15\times10^{-11} + 7.31\times10^{-12}\times\varphi^{1.52}$$

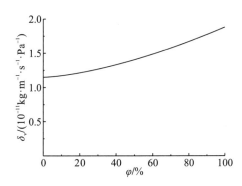

9. 石灰砂浆

密度：1800kg·m^{-3}

比热：860J·kg^{-1}·K^{-1}

吸水系数：0.33kg·m^{-2}·s$^{-0.5}$

毛细含湿量：268kg·m^{-3}

饱和含湿量：313kg·m^{-3}

孔隙率：31.3%

导热系数：

$$\lambda(\text{W}\cdot\text{m}^{-1}\cdot\text{K}^{-1}) = 0.8 + 0.0007\times w + 0.003\times t$$

等温放湿曲线：

$$w(\text{kg}\cdot\text{m}^{-3}) = \ln\frac{(100\varphi+1)^{-1.34}}{(1-\varphi)^{16.42}}$$

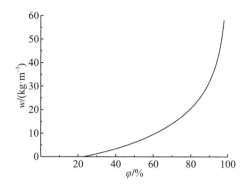

保水曲线：

$$w(\mathrm{kg \cdot m^{-3}}) = 313 \times \frac{1}{\{1 + [0.18 \times \lg(-p_{\mathrm{cap}})]^{10.69}\}^{0.906}}$$

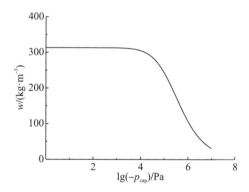

水蒸气渗透系数：

$$\delta_{\mathrm{v}}(\mathrm{kg \cdot m^{-1} \cdot s^{-1} \cdot Pa^{-1}}) = 1.68 \times 10^{-11} + 4.73 \times 10^{-11} \times \varphi^{7.91}$$

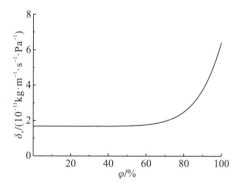

液态水渗透系数：

$$K_{\mathrm{l}}(\mathrm{kg \cdot m^{-1} \cdot s^{-1} \cdot Pa^{-1}}) = 2.42 \times 10^{-8} \times \left(\frac{w}{313}\right)^{6.81}$$

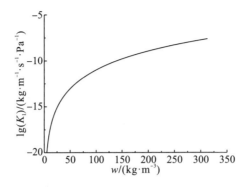

10. 水泥砂浆

密度：$1880\mathrm{kg\cdot m^{-3}}$

比热：$850\mathrm{J\cdot kg^{-1}\cdot K^{-1}}$

吸水系数：$0.02\mathrm{kg\cdot m^{-2}\cdot s^{-0.5}}$

毛细含湿量：$224\mathrm{kg\cdot m^{-3}}$

饱和含湿量：$280\mathrm{kg\cdot m^{-3}}$

孔隙率：28%

导热系数：

$$\lambda(\mathrm{W\cdot m^{-1}\cdot K^{-1})}=0.6+0.0032\times w+0.0002\times t$$

等温放湿曲线：

$$w(\mathrm{kg\cdot m^{-3}})=\ln\frac{(100\varphi+1)^{1.76}}{(1-\varphi)^{12.32}}$$

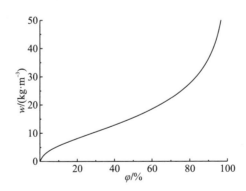

保水曲线：

$$w(\mathrm{kg\cdot m^{-3}})=280\times\frac{1}{\{1+[0.192\times\lg(-p_{\mathrm{cap}})]^{4.62}\}^{0.78}}$$

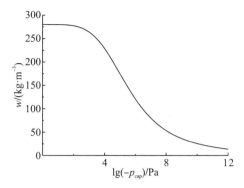

水蒸气渗透系数：

$$\delta_v(\mathrm{kg\cdot m^{-1}\cdot s^{-1}\cdot Pa^{-1}}) = 5.57\times10^{-12} + 2.14\times10^{-10}\times\varphi^{25.89}$$

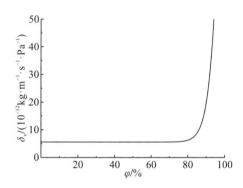

液态水渗透系数：

$$K_l(\mathrm{kg\cdot m^{-1}\cdot s^{-1}\cdot Pa^{-1}}) = 1.27\times10^{-9}\times\left(\frac{w}{280}\right)^{13.6}$$

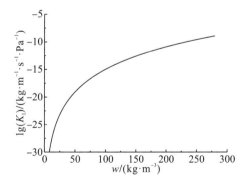

11. 黏结砂浆

密度：$1460\mathrm{kg\cdot m^{-3}}$

比热：732J·kg^{-1}·K^{-1}

吸水系数：0.035kg·m^{-2}·s$^{-0.5}$

毛细含湿量：172kg·m^{-3}

饱和含湿量：444kg·m^{-3}

孔隙率：44.4%

导热系数：

$$\lambda(\mathrm{W\cdot m^{-1}\cdot K^{-1}}) = 0.22 + 0.00086 \times w + 0.0013 \times t$$

等温放湿曲线：

$$w(\mathrm{kg\cdot m^{-3}}) = \ln\frac{(100\varphi+1)^{-1.7}}{(1-\varphi)^{18.05}}$$

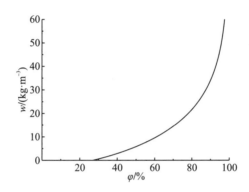

保水曲线：

$$w(\mathrm{kg\cdot m^{-3}}) = 444 \times \left(\frac{0.405}{\{1+[0.715\times\lg(-p_{\mathrm{cap}})]^{6.79}\}^{0.852}} + \frac{0.595}{\{1+[0.192\times\lg(-p_{\mathrm{cap}})]^{7.19}\}^{0.861}} \right)$$

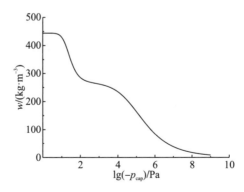

水蒸气渗透系数：

$$\delta_{\mathrm{v}}(\mathrm{kg\cdot m^{-1}\cdot s^{-1}\cdot Pa^{-1}}) = 5.05\times10^{-12} + 4.6\times10^{-12}\times\varphi^{0.66}$$

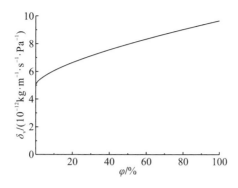

液态水渗透系数：

$$K_1(\mathrm{kg \cdot m^{-1} \cdot s^{-1} \cdot Pa^{-1})} = 2.03 \times 10^{-9} \times \left(\frac{w}{444}\right)^{7.3}$$

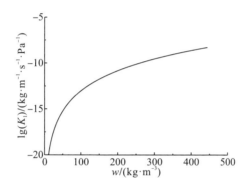

12. 保温砂浆

密度：$805\mathrm{kg \cdot m^{-3}}$

比热：$702\mathrm{J \cdot kg^{-1} \cdot K^{-1}}$

吸水系数：$0.13\mathrm{kg \cdot m^{-2} \cdot s^{-0.5}}$

毛细含湿量：$373\mathrm{kg \cdot m^{-3}}$

饱和含湿量：$655\mathrm{kg \cdot m^{-3}}$

孔隙率：65.5%

导热系数：

$$\lambda(\mathrm{W \cdot m^{-1} \cdot K^{-1}}) = 0.22 + 0.001 \times w + 0.002 \times t$$

等温放湿曲线：

$$w(\mathrm{kg \cdot m^{-3}}) = \ln \frac{(100\varphi + 1)^{5.41}}{(1-\varphi)^{38.69}}$$

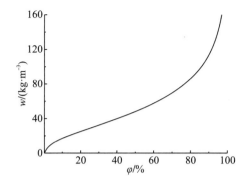

保水曲线：

$$w(\text{kg} \cdot \text{m}^{-3}) = 655 \times \left(\frac{0.963}{\{1 + [0.156 \times \lg(-p_{\text{cap}})]^{10.38}\}^{0.904}} + \frac{0.037}{\{1 + [0.412 \times \lg(-p_{\text{cap}})]^{10.38}\}^{0.904}} \right)$$

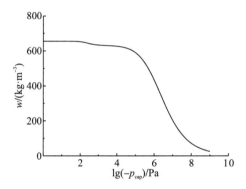

水蒸气渗透系数：

$$\delta_{\text{v}}(\text{kg} \cdot \text{m}^{-1} \cdot \text{s}^{-1} \cdot \text{Pa}^{-1}) = 1.51 \times 10^{-11} + 1.04 \times 10^{-11} \times \varphi^{1.99}$$

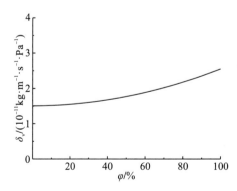

液态水渗透系数：

$$K_{\text{l}}(\text{kg} \cdot \text{m}^{-1} \cdot \text{s}^{-1} \cdot \text{Pa}^{-1}) = 1.13 \times 10^{-11} \times \left(\frac{w}{655} \right)^{9.87}$$

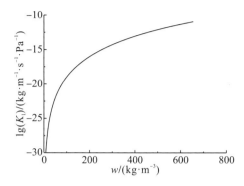

13. 纤维素保温板

密度：$30\mathrm{kg}\cdot\mathrm{m}^{-3}$

比热：$1880\mathrm{J}\cdot\mathrm{kg}^{-1}\cdot\mathrm{K}^{-1}$

吸水系数：$0.1\mathrm{kg}\cdot\mathrm{m}^{-2}\cdot\mathrm{s}^{-0.5}$

毛细含湿量：$493\mathrm{kg}\cdot\mathrm{m}^{-3}$

饱和含湿量：$699\mathrm{kg}\cdot\mathrm{m}^{-3}$

孔隙率：69.9%

导热系数：

$$\lambda(\mathrm{W}\cdot\mathrm{m}^{-1}\cdot\mathrm{K}^{-1}) = 0.0036 + 0.002\times w + 0.0002\times t$$

等温放湿曲线：

$$w(\mathrm{kg}\cdot\mathrm{m}^{-3}) = \ln\frac{(100\varphi+1)^{-0.06}}{(1-\varphi)^{2.73}} + 1.07\times10^{-38}\times\mathrm{e}^{100\varphi}$$

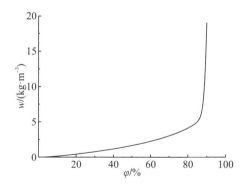

保水曲线：

$$w(\mathrm{kg}\cdot\mathrm{m}^{-3}) = 699\times\frac{1}{\{1+[0.435\times\lg(-p_{\mathrm{cap}})]^{6.25}\}^{0.84}}$$

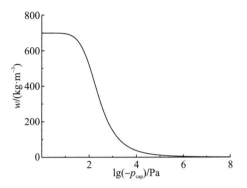

水蒸气渗透系数：

$$\delta_{\mathrm{v}}(\mathrm{kg\cdot m^{-1}\cdot s^{-1}\cdot Pa^{-1}}) = 1.06\times10^{-10} + 7.61\times10^{-11}\times\varphi^{0.77}$$

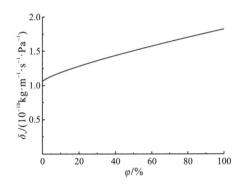

液态水渗透系数：

$$K_{\mathrm{l}}(\mathrm{kg\cdot m^{-1}\cdot s^{-1}\cdot Pa^{-1}}) = 1.62\times10^{-5}\times\left(\frac{w}{699}\right)^{6.15}$$

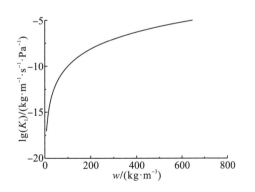

14. 玻璃棉

密度：$97\text{kg}\cdot\text{m}^{-3}$

比热：$1210\text{J}\cdot\text{kg}^{-1}\cdot\text{K}^{-1}$

吸水系数：$0.14\text{kg}\cdot\text{m}^{-2}\cdot\text{s}^{-0.5}$

毛细含湿量：$248\text{kg}\cdot\text{m}^{-3}$

饱和含湿量：$957\text{kg}\cdot\text{m}^{-3}$

孔隙率：95.7%

导热系数：

$$\lambda(\text{W}\cdot\text{m}^{-1}\cdot\text{K}^{-1}) = 0.034 + 0.002 \times w + 0.0004 \times t$$

等温放湿曲线：

$$w(\text{kg}\cdot\text{m}^{-3}) = \ln\frac{(100\varphi + 1)^{-0.403}}{(1-\varphi)^{3.27}}$$

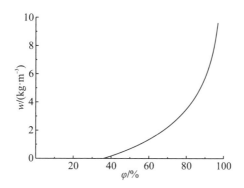

水蒸气渗透系数：

$$\delta_v(\text{kg}\cdot\text{m}^{-1}\cdot\text{s}^{-1}\cdot\text{Pa}^{-1}) = 1.24 \times 10^{-10} + 1.56 \times 10^{-10} \times \varphi^{5.1}$$

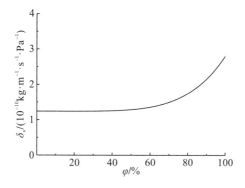

15. 岩棉

密度：$105\text{kg}\cdot\text{m}^{-3}$

比热：$686\text{J}\cdot\text{kg}^{-1}\cdot\text{K}^{-1}$

饱和含湿量：$949\text{kg}\cdot\text{m}^{-3}$

孔隙率：94.9%

导热系数：

$$\lambda(\text{W}\cdot\text{m}^{-1}\cdot\text{K}^{-1})=0.032+0.0008\times w$$

等温放湿曲线：

$$w(\text{kg}\cdot\text{m}^{-3})=\ln\frac{(100\varphi+1)^{-0.507}}{(1-\varphi)^{2.78}}+5.15\times10^{-42}\times\text{e}^{100\varphi}$$

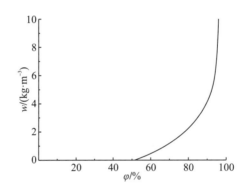

水蒸气渗透系数：

$$\delta_{\text{v}}(\text{kg}\cdot\text{m}^{-1}\cdot\text{s}^{-1}\cdot\text{Pa}^{-1})=8.92\times10^{-11}+3.67\times10^{-10}\times\varphi^{4.59}$$

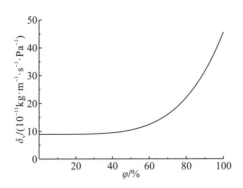

16. 挤塑聚苯板

密度：$30\text{kg}\cdot\text{m}^{-3}$

比热：$1500\text{J}\cdot\text{kg}^{-1}\cdot\text{K}^{-1}$

孔隙率：95%

导热系数：

$$\lambda(\mathrm{W\cdot m^{-1}\cdot K^{-1}}) = 0.028 + 0.0002 \times t$$

等温放湿曲线：

$$w(\mathrm{kg\cdot m^{-3}}) = \ln\frac{(100\varphi+1)^{-0.036}}{(1-\varphi)^{0.335}} + 7.03 \times 10^{-43} \times \mathrm{e}^{100\varphi}$$

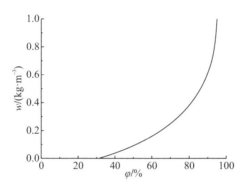

水蒸气渗透系数：

$$\delta_{\mathrm{v}}(\mathrm{kg\cdot m^{-1}\cdot s^{-1}\cdot Pa^{-1}}) = 2.2\times10^{-12} + 2.22\times10^{-12}\times\varphi^{4.38}$$

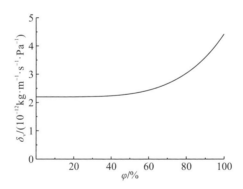

17. 模塑聚苯板

密度：20kg·m^{-3}

比热：1500J·kg^{-1}·K^{-1}

孔隙率：99%

导热系数：

$$\lambda(\mathrm{W\cdot m^{-1}\cdot K^{-1}}) = 0.0377 + 0.0022 \times w$$

等温放湿曲线：

$$w(\mathrm{kg \cdot m^{-3}}) = \ln \frac{(100\varphi + 1)^{0.034}}{(1-\varphi)^{0.021}} + 5.66 \times 10^{-41} \times \mathrm{e}^{100\varphi}$$

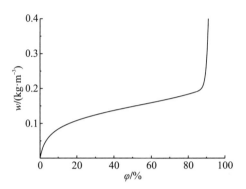

水蒸气渗透系数：
$$\delta_{\mathrm{v}}(\mathrm{kg \cdot m^{-1} \cdot s^{-1} \cdot Pa^{-1}}) = 4.92 \times 10^{-12} + 7.05 \times 10^{-12} \times \varphi^{6.11}$$

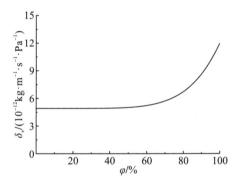

18. 聚氨酯板

密度：35kg·m^{-3}

比热：1500J·kg^{-1}·K^{-1}

孔隙率：99%

导热系数：
$$\lambda(\mathrm{W \cdot m^{-1} \cdot K^{-1}}) = 0.025 + 0.0002 \times t$$

等温放湿曲线：
$$w(\mathrm{kg \cdot m^{-3}}) = \ln \frac{(100\varphi + 1)^{-0.13}}{(1-\varphi)^{1.21}} + 2.54 \times 10^{-4} \times \mathrm{e}^{100\varphi}$$

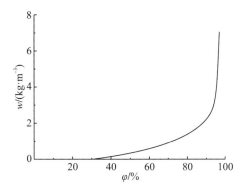

水蒸气渗透系数：

$$\delta_{v}(kg \cdot m^{-1} \cdot s^{-1} \cdot Pa^{-1}) = 2.12 \times 10^{-12} + 2.8 \times 10^{-12} \times \varphi^{4.25}$$

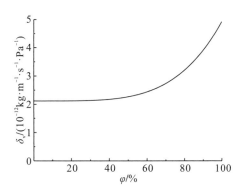

19. 硅钙板

密度：258kg·m^{-3}

比热：1160J·kg^{-1}·K^{-1}

吸水系数：1.32kg·m^{-2}·s$^{-0.5}$

毛细含湿量：755kg·m^{-3}

饱和含湿量：890kg·m^{-3}

孔隙率：89%

导热系数：

$$\lambda(W \cdot m^{-1} \cdot K^{-1}) = 0.065 + 0.002 \times w + 0.0004 \times t$$

等温放湿曲线：

$$w(kg \cdot m^{-3}) = \ln \frac{(100\varphi + 1)^{0.421}}{(1 - \varphi)^{3.46}} + 1.12 \times 10^{-4} \times e^{100\varphi}$$

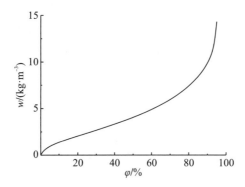

保水曲线：

$$w(\mathrm{kg \cdot m^{-3}}) = 890 \times \frac{1}{\{1 + [0.175 \times \lg(-p_{\mathrm{cap}})]^{20.46}\}^{0.951}}$$

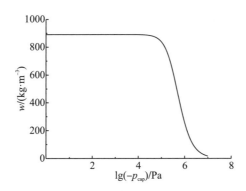

水蒸气渗透系数：

$$\delta_{\mathrm{v}}(\mathrm{kg \cdot m^{-1} \cdot s^{-1} \cdot Pa^{-1}}) = 6.45 \times 10^{-11} + 9.84 \times 10^{-11} \times \varphi^{2.56}$$

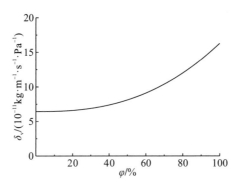

液态水渗透系数：

$$K_{\mathrm{l}}(\mathrm{kg \cdot m^{-1} \cdot s^{-1} \cdot Pa^{-1}}) = 1.99 \times 10^{-8} \times \left(\frac{w}{890}\right)^{5.42}$$

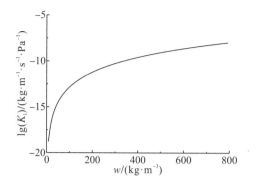

20. 石膏板

密度：$700 \text{kg} \cdot \text{m}^{-3}$

比热：$870 \text{J} \cdot \text{kg}^{-1} \cdot \text{K}^{-1}$

吸水系数：$0.035 \text{kg} \cdot \text{m}^{-2} \cdot \text{s}^{-0.5}$

毛细含湿量：$400 \text{kg} \cdot \text{m}^{-3}$

饱和含湿量：$700 \text{kg} \cdot \text{m}^{-3}$

孔隙率：70%

导热系数：

$$\lambda(\text{W} \cdot \text{m}^{-1} \cdot \text{K}^{-1}) = 0.193 + 0.0021 \times w + 0.0002 \times t$$

等温放湿曲线：

$$w(\text{kg} \cdot \text{m}^{-3}) = \ln \frac{(100\varphi + 1)^{-0.273}}{(1-\varphi)^{5.53}} + 1.87 \times 10^{-40} \times \text{e}^{100\varphi}$$

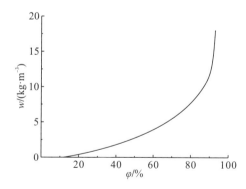

保水曲线：

$$w(\text{kg} \cdot \text{m}^{-3}) = 700 \times \frac{1}{\{1 + [0.178 \times \lg(-p_{\text{cap}})]^{27.32}\}^{0.963}}$$

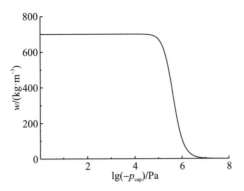

水蒸气渗透系数：

$$\delta_v(\mathrm{kg\cdot m^{-1}\cdot s^{-1}\cdot Pa^{-1}}) = 1.72\times10^{-11} + 1.45\times10^{-11}\times\varphi^{1.28}$$

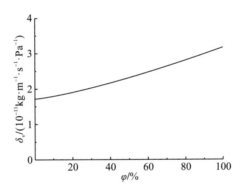

液态水渗透系数：

$$K_l(\mathrm{kg\cdot m^{-1}\cdot s^{-1}\cdot Pa^{-1}}) = 4.15\times10^{-11}\times\left(\frac{w}{700}\right)^{1.72}$$

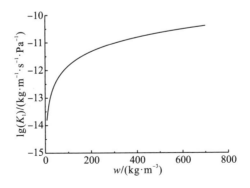

21. 杉木-纵向

密度：410kg·m^{-3}

比热：2410J·kg^{-1}·K^{-1}

吸水系数：0.012kg·m^{-2}·s$^{-0.5}$

毛细含湿量：648kg·m^{-3}

饱和含湿量：720kg·m^{-3}

孔隙率：72%

导热系数：

$$\lambda(\mathrm{W\cdot m^{-1}\cdot K^{-1}}) = 0.25 + 0.002 \times w + 0.001 \times t$$

等温放湿曲线：

$$w(\mathrm{kg\cdot m^{-3}}) = \ln\frac{(100\varphi+1)^{0.917}}{(1-\varphi)^{15.04}}$$

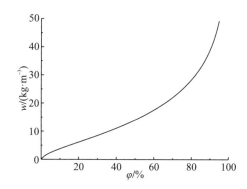

保水曲线：

$$w(\mathrm{kg\cdot m^{-3}}) = 720 \times \frac{1}{\{1+[0.192\times\lg(-p_{\mathrm{cap}})]^{5.46}\}^{0.817}}$$

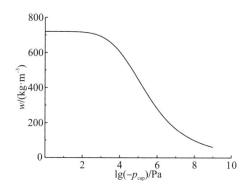

水蒸气渗透系数：

$$\delta_{\mathrm{v}}(\mathrm{kg\cdot m^{-1}\cdot s^{-1}\cdot Pa^{-1}}) = 5.3\times10^{-11} + 3.98\times10^{-11}\times\varphi^{0.917}$$

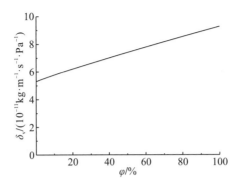

液态水渗透系数：

$$K_1(\mathrm{kg\cdot m^{-1}\cdot s^{-1}\cdot Pa^{-1}}) = 7.65\times10^{-13}\times\left(\frac{w}{720}\right)^{2.66}$$

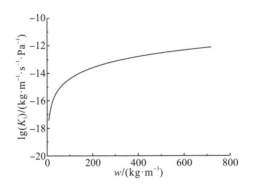

22. 杉木-径向

密度：440kg·m^{-3}

比热：1390J·kg^{-1}·K^{-1}

吸水系数：0.013kg·m^{-2}·s$^{-0.5}$

毛细含湿量：339kg·m^{-3}

饱和含湿量：444kg·m^{-3}

孔隙率：44.4%

导热系数：

$$\lambda(\mathrm{W\cdot m^{-1}\cdot K^{-1}}) = 0.1 + 0.002\times w + 0.001\times t$$

等温放湿曲线：

$$w(\mathrm{kg\cdot m^{-3}}) = \ln\frac{(100\varphi+1)^{2.01}}{(1-\varphi)^{10.67}}$$

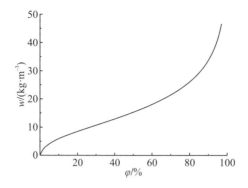

保水曲线：

$$w(\text{kg} \cdot \text{m}^{-3}) = 444 \times \frac{1}{\{1 + [0.189 \times \lg(-p_{\text{cap}})]^{6.17}\}^{0.838}}$$

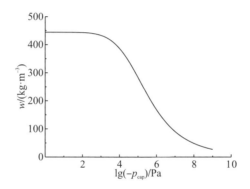

水蒸气渗透系数：

$$\delta_{\text{v}}(\text{kg} \cdot \text{m}^{-1} \cdot \text{s}^{-1} \cdot \text{Pa}^{-1}) = 7.29 \times 10^{-13} + 2.09 \times 10^{-11} \times \varphi^{4.9}$$

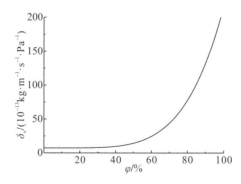

液态水渗透系数：

$$K_{\text{l}}(\text{kg} \cdot \text{m}^{-1} \cdot \text{s}^{-1} \cdot \text{Pa}^{-1}) = 7.67 \times 10^{-13} \times \left(\frac{w}{444}\right)^{2.83}$$

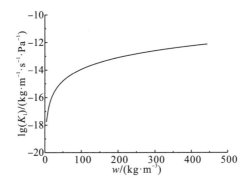

23. 松木-纵向

密度：550kg·m^{-3}

比热：2700J·kg^{-1}·K^{-1}

吸水系数：0.017kg·m^{-2}s$^{-0.5}$

毛细含湿量：624kg·m^{-3}

饱和含湿量：652kg·m^{-3}

孔隙率：65.2%

导热系数：

$$\lambda(\mathrm{W \cdot m^{-1} \cdot K^{-1}}) = 0.25 + 0.002 \times w + 0.001 \times t$$

等温放湿曲线：

$$w(\mathrm{kg \cdot m^{-3}}) = \ln \frac{(100\varphi + 1)^{5.85}}{(1-\varphi)^{24.87}}$$

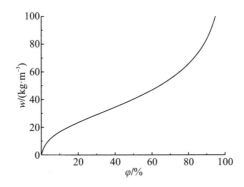

保水曲线：

$$w(\mathrm{kg \cdot m^{-3}}) = 652 \times \frac{1}{\{1 + [0.186 \times \lg(-p_{\mathrm{cap}})]^{7.64}\}^{0.87}}$$

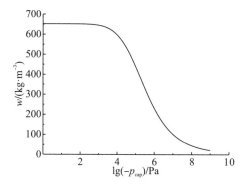

水蒸气渗透系数：

$$\delta_{\mathrm{v}}(\mathrm{kg \cdot m^{-1} \cdot s^{-1} \cdot Pa^{-1}}) = 2.66 \times 10^{-13} + 1.07 \times 10^{-10} \times \varphi^{2.9}$$

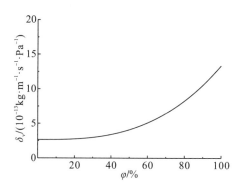

液态水渗透系数：

$$K_{\mathrm{l}}(\mathrm{kg \cdot m^{-1} \cdot s^{-1} \cdot Pa^{-1}}) = 2.11 \times 10^{-11} \times \left(\frac{w}{652}\right)^{3.39}$$

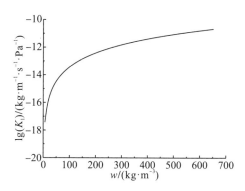

24. 松木-径向

密度：550kg·m^{-3}

比热：$2670\mathrm{J\cdot kg^{-1}\cdot K^{-1}}$

吸水系数：$0.016\mathrm{kg\cdot m^{-2}\cdot s^{-0.5}}$

毛细含湿量：$614\mathrm{kg\cdot m^{-3}}$

饱和含湿量：$652\mathrm{kg\cdot m^{-3}}$

孔隙率：65.2%

导热系数：

$$\lambda(\mathrm{W\cdot m^{-1}\cdot K^{-1}}) = 0.1 + 0.002\times w + 0.001\times t$$

等温放湿曲线：

$$w(\mathrm{kg\cdot m^{-3}}) = \ln\frac{(100\varphi+1)^{5.85}}{(1-\varphi)^{24.87}}$$

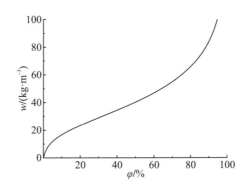

保水曲线：

$$w(\mathrm{kg\cdot m^{-3}}) = 652\times\frac{1}{\{1+[0.186\times\lg(-p_{\mathrm{cap}})]^{7.64}\}^{0.869}}$$

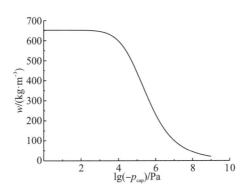

水蒸气渗透系数：

$$\delta_{\mathrm{v}}(\mathrm{kg\cdot m^{-1}\cdot s^{-1}\cdot Pa^{-1}}) = 5.08\times10^{-13} + 1.21\times10^{-11}\times\varphi^{6.89}$$

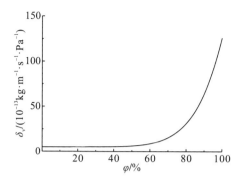

液态水渗透系数：

$$K_1(\text{kg}\cdot\text{m}^{-1}\cdot\text{s}^{-1}\cdot\text{Pa}^{-1}) = 4.12\times10^{-11}\times\left(\frac{w}{652}\right)^{3.55}$$

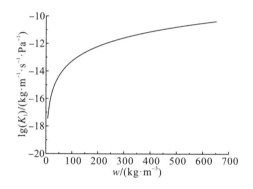

25. 泡沫玻璃

密度：140kg·m^{-3}

比热：850J·kg^{-1}·K^{-1}

孔隙率：96%

导热系数：0.045W·m^{-1}·K^{-1}

水蒸气渗透系数：2.9×10^{-16}kg·m^{-1}·s^{-1}·Pa^{-1}

26. 微粒吸声板

密度：1510kg·m^{-3}

比热：867J·kg^{-1}·K^{-1}

饱和含湿量：357kg·m^{-3}

孔隙率：35.7%

导热系数：

$$\lambda(\mathrm{W}\cdot\mathrm{m}^{-1}\cdot\mathrm{K}^{-1})=0.14+0.0003\times t$$

水蒸气渗透系数：$2.2\times10^{-11}\ \mathrm{kg}\cdot\mathrm{m}^{-1}\cdot\mathrm{s}^{-1}\cdot\mathrm{Pa}^{-1}$

27. 防水透气膜

密度：$130\mathrm{kg}\cdot\mathrm{m}^{-3}$

比热：$2300\mathrm{J}\cdot\mathrm{kg}^{-1}\cdot\mathrm{K}^{-1}$

孔隙率：0.1%

导热系数：

$$\lambda(\mathrm{W}\cdot\mathrm{m}^{-1}\cdot\mathrm{K}^{-1})=2.3+0.0002\times t$$

水蒸气渗透系数：$6.2\times10^{-12}\mathrm{kg}\cdot\mathrm{m}^{-1}\cdot\mathrm{s}^{-1}\cdot\mathrm{Pa}^{-1}$

参 考 文 献

[1] 国家市场监督管理总局, 国家标准化管理委员会. 室内空气质量标准: GB/T 18883—2022[S]. 北京: 中国标准出版社, 2022.

[2] 中华人民共和国住房和城乡建设部, 中华人民共和国国家质量监督检验检疫总局. 民用建筑供暖通风与空气调节设计规范: GB 50736—2012[S]. 北京: 中国建筑工业出版社, 2012.

[3] Diagnosing moisture damage in buildings and implementing countermeasures-Part 1: Principles, nomenclature and moisture transport mechanisms: ISO 22185-1: 2021[S/OL]. https://www.iso.org/standard/72824.html.

[4] Chiniforush A A, Akbarnezhad A, Valipour H, et al. Moisture and temperature induced swelling/shrinkage of softwood and hardwood glulam and LVL: an experimental study[J]. Construction and Building Materials, 2019, 207: 70-83.

[5] Chen Q, Fang C H, Wang G, et al. Hygroscopic swelling of moso bamboo cells[J]. Cellulose, 2020, 27(2): 611-620.

[6] Ye H, Chu C F, Xu L, et al. Experimental studies on drying-wetting cycle characteristics of expansive soils improved by industrial wastes[J]. Advances in Civil Engineering, 2018(3): 1-9.

[7] 高原, 张君, 孙伟. 干湿循环下混凝土湿度与变形的测量[J]. 清华大学学报(自然科学版), 2012, 52(2): 144-149.

[8] 袁晓露, 李北星, 崔巩, 等. 干湿循环-硫酸盐侵蚀下混凝土损伤机理的分析[J]. 公路, 2009, 54(2): 163-166.

[9] Sun Q, Zhang Y L. Combined effects of salt, cyclic wetting and drying cycles on the physical and mechanical properties of sandstone[J]. Engineering Geology, 2019, 248: 70-79.

[10] 余振新, 高建明, 宋鲁光, 等. 荷载-干湿交替-硫酸盐耦合作用下混凝土损伤过程[J]. 东南大学学报(自然科学版), 2012, 42(3): 487-491.

[11] Li D W, Li L Y, Wang X F, et al. A double-porosity model for water flow in unsaturated concrete[J]. Applied Mathematical Modelling, 2018, 53: 510-522.

[12] 张亚栋, 邹宾, 田杨, 等. 冻融循环对混凝土静动力特性的影响[J]. 解放军理工大学学报(自然科学版), 2017, 18(1): 1-8.

[13] Collins A R. The destruction of concrete by frost[J]. Journal of the Institution of Civil Engineers, 1944, 23(1): 29-41.

[14] Powers T C. A working hypothesis for further studies of frost resistance of concrete[J]. Journal of the American Concrete Institute, 1945, 16(4): 245-272.

[15] Powers T C, Helmuth R A. Theory of volume changes in hardened portland-cement paste during freezing[C]//Proceedings of the Thirty-Second Annual Meeting of the Highway Research Board. Washington: Highway Research Board, 1953: 285-297.

[16] Fagerlund G. Significance of critical degrees of saturation at freezing of porous and brittle materials[C]//Proceedings of the scholar CF, Durability of Concrete. Farmington Hills: American Concrete Institute, 1973: 13-65.

[17] Scherer G W. Crystallization in pores[J]. Cement and Concrete Research, 1999, 29(8): 1347-1358.

[18] Setzer M J. Micro-ice-lens formation in porous solid[J]. Journal of Colloid and Interface Science, 2001, 243(1): 193-201.

[19] 孙道胜, 程星星, 刘开伟, 等. 硫酸盐侵蚀下石膏的形成及破坏机制研究现状[J]. 材料导报, 2018, 32(23): 4135-4141.

[20] Yu B, Yang L F, Wu M, et al. Practical model for predicting corrosion rate of steel reinforcement in concrete structures[J]. Construction and Building Materials, 2014, 54: 385-401.

[21] Su X P, Zhang L. Comparing tests on the durability of concrete after long-term immersion in different salt solution[J]. Applied Mechanics and Materials, 2014, 501/502/503/504: 1087-1091.

[22] Li J P, Xie F, Zhao G W, et al. Experimental and numerical investigation of cast-in-situ concrete under external sulfate attack and drying-wetting cycles[J]. Construction and Building Materials, 2020, 249: 118789.

[23] Kessler S, Thiel C, Grosse C U, et al. Effect of freeze–thaw damage on chloride ingress into concrete[J]. Materials and Structures, 2016, 50(2): 121.

[24] 朱绘美, 王培铭, 张国防. 硅酸盐水泥基饰面砂浆泛碱机理及抑制措施的研究进展[J]. 硅酸盐通报, 2013, 32(12): 2508-2513.

[25] 孙立新, 冯驰, 崔雨萌. 温度和含湿量对建筑材料导热系数的影响[J]. 土木建筑与环境工程, 2017, 39(6): 123-128.

[26] Kong F H, Wang H Z, Zhang Q L. Heat and mass coupled transfer combined with freezing process in building exterior envelope[J]. Applied Mechanics and Materials, 2011, 71: 3385-3388.

[27] Gawin D J, Koniorczyk M, Wieckowska A, et al. Effect of moisture on hygrothermal and energy performance of a building with cellular concrete walls in climatic conditions of Poland[J]. ASHRAE Transactions, 2004, 110(2): 795-803.

[28] 杨春宇, 唐鸣放, 谢辉. 建筑物理: 图解版[M]. 2 版. 北京: 中国建筑工业出版社, 2020.

[29] Vereecken E, Roels S. Review of mould prediction models and their influence on mould risk evaluation[J]. Building and Environment, 2012, 51: 296-310.

[30] 陈国杰, 王汉青, 陈友明, 等. 吸湿性墙体霉菌滋生风险室内温湿度临界值对比研究[J]. 南华大学学报(自然科学版), 2019, 33(2): 1-7.

[31] 马琰, 李永辉, 刘志军. 室内霉菌污染的环境成因与健康人居[J]. 新建筑, 2019(5): 28-31.

[32] Campana R, Sabatini L, Frangipani E. Moulds on cementitious building materials: problems, prevention and future perspectives[J]. Applied Microbiology and Biotechnology, 2020, 104(2): 509-514.

[33] Reboux G, Valot B, Rocchi S, et al. Storage mite concentrations are underestimated compared to house dust mite concentrations[J]. Experimental & Applied Acarology, 2019, 77(4): 511-525.

[34] Acevedo N, Zakzuk J, Caraballo L. House dust mite allergy under changing environments[J]. Allergy, Asthma and Immunology Research, 2019, 11(4): 450-469.

[35] Oz K, Merav B, Sara S, et al. Volatile organic compound emissions from polyurethane mattresses under variable environmental conditions[J]. Environmental Science and Technology, 2019, 53(15): 9171-9180.

[36] Bari M A, Kindzierski W B. Ambient volatile organic compounds (VOCs) in Calgary, Alberta: sources and screening health risk assessment[J]. The Science of the Total Environment, 2018, 631/632: 627-640.

[37] Fang J Z, Zhang H B, Ren P, et al. Influence of climates and materials on the moisture buffering in office buildings: a comprehensive numerical study in China[J]. Environmental Science and Pollution Research, 2022, 29(10): 14158-14175.

[38] 张海强, 刘晓华, 江亿. 温湿度独立控制空调系统和常规空调系统的性能比较[J]. 暖通空调, 2011, 41(1): 48-52.

[39] Janz M. Measurement of the moisture storage capacity using sorption balance and pressure extractors[J]. Journal of Building Physics, 2001, 24(4): 316-334.

[40] Salager S, El Youssoufi M S, Saix C. Influence of temperature on the water retention curve of soils. modelling and experiments[M]//Springer Proceedings in Physics. Berlin: Springer, 2007: 251-258.

[41] Feng C, Janssen H. Hygric properties of porous building materials (IV): semi-permeable membrane and psychrometer methods for measuring moisture storage curves[J]. Building and Environment, 2019, 152: 39-49.

[42] Krus M. Moisture transport and storage coefficients of porous mineral building materials: theoretical principles and new test methods[M]. Stuttgart: Fraunhofer IRB Verlag, 1996.

[43] Feng C, Janssen H, Feng Y, et al. Hygric properties of porous building materials: analysis of measurement repeatability and reproducibility[J]. Building and Environment, 2015, 85: 160-172.

[44] Scheffler G. Validation of hygrothermal material modelling under consideration of the hysteresis of moisture storage[D]. Dresden: Technical University of Dresden, 2008.

[45] Brunauer S, Emmett P H, Teller E. Adsorption of gases in multimolecular layers[J]. Journal of the American Chemical Society, 1938, 60(2): 309-319.

[46] van den Berg C, Bruin S. Water activity and its estimation in food systems: theoretical aspects[M]//Water Activity: Influences on Food Quality. Amsterdam: Elsevier, 1981: 1-61.

[47] Peleg M. Assessment of a semi-empirical four parameter general model for sigmoid moisture sorption isotherms1[J]. Journal of Food Process Engineering, 1993, 16(1): 21-37.

[48] Feng C, Janssen H, Wu C C, et al. Validating various measures to accelerate the static gravimetric sorption isotherm determination[J]. Building and Environment, 2013, 69: 64-71.

[49] Oswin C R. The kinetics of package life. III. The isotherm[J]. Journal of the Society of Chemical Industry, 1946, 65(12): 419-421.

[50] Henderson S M. A basic concept of equilibrium moisture[J]. Agricultural Engineering, 1952, 33: 29-32.

[51] Caurie M. A new model equation for predicting safe storage moisture levels for optimum stability of dehydrated foods[J]. International Journal of Food Science and Technology, 1970, 5(3): 301-307.

[52] Hansen P. Coupled moisture/heat transport in cross-sections of structures (in Danish)[D]. Denmark: Beton og Konstruktionsinstituttet (BKI), 1985.

[53] van Genuchten M T. A closed-form equation for predicting the hydraulic conductivity of unsaturated soils[J]. Soil Science Society of America Journal, 1980, 44(5): 892-898.

[54] Feng C, Janssen H. Hygric properties of porous building materials (II): analysis of temperature influence[J]. Building and Environment, 2016, 99: 107-118.

[55] Janz M. Technique for measuring moisture storage capacity at high moisture levels[J]. Journal of Materials in Civil Engineering, 2001, 13(5): 364-370.

[56] Janssen H. Thermal diffusion of water vapour in porous materials: fact or fiction?[J]. International Journal of Heat and Mass Transfer, 2011, 54(7/8): 1548-1562.

[57] Baker P H, Galbraith G H, McLean R C. Temperature gradient effects on moisture transport in porous building materials[J]. Building Services Engineering Research and Technology, 2009, 30(1): 37-48.

[58] Galbraith G H, McLean R C, Gillespie I, et al. Nonisothermal moisture diffusion in porous building materials[J]. Building Research and Information, 1998, 26(6): 330-339.

[59] Dahl S D, Kuehn T H, Ramsey J W, et al. Moisture storage and non-isothermal transport properties of common building materials[J]. HVAC and R Research, 1996, 2(1): 42-58.

[60] Peuhkuri R, Rode C, Hansen K K. Non-isothermal moisture transport through insulation materials[J]. Building and Environment, 2008, 43(5): 811-822.

[61] Janssen H. A critique on 'a Boltzmann transformation method for investigation of water vapour transport in building materials' [J]. Journal of Building Physics, 2021, 45(3): 402-409.

[62] Dong W Q, Chen Y M, Bao Y, et al. A validation of dynamic hygrothermal model with coupled heat and moisture transfer in porous building materials and envelopes[J]. Journal of Building Engineering, 2020, 32: 101484.

[63] Hygrothermal performance of building materials and products-determination of water vapour transmission properties-cup method: ISO 12572: 2016[S/OL]. https://www. iso. org/standard/64988. html.

[64] Feng C, Meng Q L, Feng Y S, et al. Influence of pre-conditioning methods on the cup test Results[J]. Energy Procedia, 2015, 78: 1383-1388.

[65] Nieminen P, Romu M. Porosity and frost resistance of clay bricks[C]//8th International Brick and Block Masonry Conference, 1988: 103-109.

[66] Carmeliet J, Hens H, Roels S, et al. Determination of the liquid water diffusivity from transient moisture transfer experiments[J]. Journal of Thermal Envelope and Building Science, 2004, 27(4): 277-305.

[67] Hanžič L, Kosec L, Anžel I. Capillary absorption in concrete and the Lucas-Washburn equation[J]. Cement and Concrete Composites, 2010, 32(1): 84-91.

[68] Roels S, Carmeliet J, Hens H. Hamstad work package 1: final report-moisture transfer properties and materials characterisation[R]. Belgium: KU Leuven, 2003.

[69] Campbell J D. Pore pressures and volume changes in unsaturated soils[D]. Champaign-Urbana: University of Illinois at Urbana-Champaign, 1973.

[70] Pedersen C R. Combined heat and moisture transfer in building constructions[D]. Copenhagen: Technical University of Denmark, 1990.

[71] Feng C, Janssen H. Hygric properties of porous building materials（Ⅶ）：full-range benchmark characterizations of three materials[J]. Building and Environment, 2021, 195: 107727.

[72] Häupl P, Stopp H. Feuchtetransport in baustoffen und bauwerksteilen-fortsetzung[J]. Luft-und Kältetechnik（Karlsruhe）, 1984, 20（2）: 104-107.

[73] Künzel H M. Simultaneous heat and moisture transport in building components. One- and two-dimensional calculation using simple parameters[M]. Suttgart: Fraunhofer IRB Verlag, 1995.

[74] Songok J, Salminen P, Toivakka M. Temperature effects on dynamic water absorption into paper[J]. Journal of Colloid and Interface Science, 2014, 418: 373-377.

[75] Washburn E W. The dynamics of capillary flow[J]. Physical Review, 1921, 17（3）: 273-283.

[76] Edelmann M, Zibold T, Grunewald J. Generalised NMR-moisture correlation function of building materials based on a capillary bundle model[J]. Cement and Concrete Research, 2019, 119: 126-131.

[77] Feng C, Janssen H. Hygric properties of porous building materials（Ⅲ）: impact factors and data processing methods of the capillary absorption test[J]. Building and Environment, 2018, 134: 21-34.

[78] Hens H. Building physics-heat, air and moisture: fundamentals and engineering methods with examples and exercises[M]. Berlin: Ernst and Sohn, 2007.

[79] Philip J R, de Vries D A. Moisture movement in porous materials under temperature gradients[J]. EOS, Transactions American Geophysical Union, 1957, 38（2）: 222-232.

[80] de Vries D A. Simultaneous transfer of heat and moisture in porous media[J]. EOS, Transactions American Geophysical Union, 1958, 39（5）: 909-916.

[81] Delgado J M P Q, Barreira E, Ramos N M M, et al. Hygrothermal numerical simulation tools applied to building physics[M]. Berlin: Springer Berlin Heidelberg, 2013.

[82] Hens H S L C. Modeling the heat, air, and moisture response of building envelopes: what material properties are needed, how trustful are the predictions?[J]. Journal of ASTM International, 2007, 4（2）: 1-11.

[83] Hygrothermal performance of building components and building elements-Assessment of moisture transfer by numerical simulation: EN 15026: 2007[S/OL]. https://www. en-standard. eu/ search/?q=15026%3A2007.

[84] 赵建华, 王岳, 朱磊, 等. 既有建筑围护结构内保温墙体热湿性能研究：以天津和广州地区为例[J]. 建筑科学, 2023, 39（8）: 143-151.

[85] Zhao J H, Grunewald J, Ruisinger U, et al. Evaluation of capillary-active mineral insulation systems for interior retrofit solution[J]. Building and Environment, 2017, 115: 215-227.

[86] Sedlbauer K. Prediction of mould fungus formation on the surface of and inside building components[D]. Stuttgart: University of Stuttgart, 2001.

[87] Feng C, Roels S, Janssen H. Towards a more representative assessment of frost damage to porous building materials[J]. Building and Environment, 2019, 164: 106343.

[88] Maage M. Frost resistance and pore size distribution in bricks[J]. Matériaux et Construction, 1984, 17（5）: 345-350.

[89] Berghmans G. Evaluatie van vorstschade bij kalkstenen: een technische beoordeling（in Dutch）[D]. Gent: Gent University, 2013.

[90] Tang L, Petersson P E. Slab test: freeze/thaw resistance of concrete: internal deterioration[J]. Materials and Structures, 2001, 34(9): 526-531.

[91] Tang L, Petersson P E. Slab test: freeze/thaw resistance of concrete: internal deterioration[J]. Materials and Structures, 2004, 37(10): 754-759.

[92] Molero M, Aparicio S, Al-Assadi G, et al. Evaluation of freeze–thaw damage in concrete by ultrasonic imaging[J]. NDT and E International, 2012, 52: 86-94.

[93] Standard test method for resistance of concrete to rapid freezing and thawing: ASTM C666/C666M-15: 2015[S/OL]. https://www.astm.org/c0666_c0666m-15.html.

[94] Løland K E. Continuous damage model for load-response estimation of concrete[J]. Cement and Concrete Research, 1980, 10(3): 395-402.

[95] Li W T, Pour-Ghaz M, Castro J, et al. Water absorption and critical degree of saturation relating to freeze-thaw damage in concrete pavement joints[J]. Journal of Materials in Civil Engineering, 2012, 24(3): 299-307.

[96] Natural stone test methods-determination of frost resistance: BS EN 12371: 2010[S/OL]. https://www.en-standard.eu/bs-en-12371-2010-natural-stone-test-methods-determination-of-frost-resistance/.

[97] Feng C, Janssen H. Impact of water repellent agent concentration on the effect of hydrophobization on building materials[J]. Journal of Building Engineering, 2021, 39: 102284.

[98] Vandersanden® Robusta 097A0 [EB/OL]. https://www.vandersanden.com/en-uk/products-and-solutions/robusta.

[99] Poresizes-ROBU® Glasfilter-Geräte GmbH[EB/OL]. https://www.robuglas.com/en/service/poresizes.html.

[100] SILRES® silicone resins and intermediates-Wacker Chemie AG[EB/OL]. https://www.wacker.com/cms/en-us/products/brands/silres/silres.html.

[101] Ceramic tiles-Part 3: determination of water absorption, apparent porosity, apparent relative density and bulk density: ISO 10545-3: 2018[S/OL]. https://www.iso.org/standard/68006.html.

[102] Standard test method for determination of pore volume and pore volume distribution of soil and rock by mercury intrusion porosimetry: ASTM D4404-18: 2018[S/OL]. https://www.astm.org/d4404-18.html.

[103] Standard test methods for determination of the water absorption coefficient by partial immersion: ASTM C1794-15: 2015[S/OL]. https://www.astm.org/c1794-15.html.

[104] 方巾中, 张会波, 任鹏, 等. 亚热带地区办公建筑湿缓冲潜力模拟研究[J]. 建筑节能(中英文), 2022, 50(3): 9-14.

[105] 住房和城乡建设部, 国家市场监督管理总局. 近零能耗建筑技术标准: GB/T 51350—2019[S]. 北京: 中国建筑工业出版社, 2019.

[106] 住房和城乡建设部, 国家质量监督检验检疫总局. 公共建筑节能设计标准: GB 50189—2015[S]. 北京: 中国建筑工业出版社, 2015.

[107] 柳孝图. 建筑物理[M]. 3版. 北京: 中国建筑工业出版社, 2010.

[108] Building components and building elements-thermal resistance and thermal transmittance-calculation methods: ISO 6946: 2017[S/OL]. https://www.iso.org/standard/65708.html.

[109] Hygrothermal performance of building components and buildingelements-assessment of moisture transfer by numerical simulation: EN 15026: 2007[S/OL]. https://www.en-standard.eu/csn-en-15026-hygrothermal- performance-of-building-components-and-building-elements-assessment-of-moisture-transfer-by-numerical-simulation/.

[110] Menditto A, Patriarca M, Magnusson B. Understanding the meaning of accuracy, trueness and precision[J]. Accreditation and Quality Assurance, 2007, 12(1): 45-47.

[111] Accuracy (trueness and precision) of measurement methods and results-Part 2: basic method for the determination of repeatability and reproducibility of a standard measurement method: ISO 5725-2: 2019[S/OL]. https: //www. iso. org/standard/69419. html.

[112] Standard practice for conducting an interlaboratory test program to determine the precision of test methods for construction materials: ASTM C802-14: 2022[S/OL]. https: //www. astm. org/c0802-14r22. html.

[113] Hansen M H. Retention curves measured using pressure plate and pressure membrane apparatus: description of method and interlaboratory comparison: Nordtest Technical Report 367[R]. Denmark: SBI forlag, 1998.

[114] Galbraith G H. Intercomparison on measurement of water vapour permeance: CEC BCR Report EUR 14349 EN[R]. Luxembourg: Commission of the European Communities, 1993.

[115] Time B, Uvsløkk S. Intercomparison on measurement of water vapour permeance: nordtest-project agreement 1529-01[R]. Norway: Norges byggforskningsinstitutt, 2003.

[116] Rode C, Peuhkuri R H, Mortensen L H, et al. Moisture buffering of building materials: report BYG·DTU R-126[R]. Copenhagen: Technical University of Denmark, 2005.

[117] Roels S. Whole building heat air and moisture response-Subtask 2: experimental analysis of moisture buffering: IEA Annex 41[R]. Paris: International Energy Agency, 2008.

[118] Feng C, Guimarães A S, Ramos N, et al. Hygric properties of porous building materials (VI): a round robin campaign[J]. Building and Environment, 2020, 185: 107242.

[119] Janssen H, Meng Q, Feng C, et al. Experimental analysis of the repeatability of vacuum saturation and capillary absorption tests[C]//Proceedings of the 10th Nordic Symposium on Building Physics, 2014: 394-401.

[120] Richards R F, Burch D M, Thomas W. Water vapor sorption measurements of common building materials[M]//ASHRAE Transactions 1992. Part 2. Peachtree Corners: ASHRAE, 1992, 98: 475-485.

[121] Wilkes K E, Ph. D, Atchley J A, et al. Effect of drying protocols on measurement of sorption isotherms of gypsum building materials[C]//Proceedings of the International Conference on Performance of Exterior Envelopes of Whole Buildings IX, 2004: 1-10.

[122] 冯驰. 多孔建筑材料湿物理性质的测试方法研究[D]. 广州: 华南理工大学, 2014.

[123] Peuhkuri R, Rode C, Hansen K K. Effect of method, step size and drying temperature on sorption isotherms[C]//Proceedings of the 7th Nordic Symposium on Building Physics, 2005: 31-38.

[124] Korpa A, Trettin R. The influence of different drying methods on cement paste microstructures as reflected by gas adsorption: comparison between freeze-drying (F-drying), D-drying, P-drying and oven-drying methods[J]. Cement and Concrete Research, 2006, 36(4): 634-649.

[125] Espinosa R M, Franke L. Influence of the age and drying process on pore structure and sorption isotherms of hardened cement paste[J]. Cement and Concrete Research, 2006, 36(10): 1969-1984.

[126] Poyet S. Experimental investigation of the effect of temperature on the first desorption isotherm of concrete[J]. Cement and Concrete Research, 2009, 39(11): 1052-1059.

[127] Hygrothermal performance of building materials and products-determination of moisture content by drying at elevated temperature: ISO 12570: 2000[S/OL]. https: //www. iso. org/standard/2444. html.

[128] Hygrothermal performance of building materials and products-determination of moisture content by drying at elevated temperature: ISO 12570: 2000/Amd. 1: 2013(E)[S/OL]. https: //www. iso. org/standard/79595. html.

[129] Rode C, Hansen K K. Hysteresis and temperature dependency of moisture sorption-new measurements[C]//Proceedings of the 9th Nordic Symposium on Building Physics, 2011: 647-654.

[130] Koronthalyova O. Moisture storage capacity and microstructure of ceramic brick and autoclaved aerated concrete[J]. Construction and Building Materials, 2011, 25(2): 879-885.

[131] Hygrothermal performance of building materials and products-determination of hygroscopic sorption properties: ISO 12571: 2021(E)[S/OL]. https: //www. iso. org/standard/64988. html.

[132] Standard test method for hygroscopic sorption isotherms of building materials: ASTM C1498-04a: 2016[S/OL]. https: //www. astm. org/c1498-04ar23. html.

[133] Feng C, Janssen H, Meng Q, et al. Analysis of the weighing methods for oven-dried porous building materials[C]//Proceedings of the 10th Nordic Symposium on Building Physics, 2014: 435-442.

[134] 重庆大学. 建筑材料湿物理性质测试方法: T/CECS 10203—2022[S]. 北京: 中国工程建设标准化协会, 2022.

[135] Standard test method for moisture retention curves of porous building materials using pressure plates: ASTM C1699-09 (Reapproved 2015): 2015[S/OL]. https: //www. astm. org/c1699-09r15. html.

[136] Standard test method for density, absorption, and voids in hardened concrete: ASTM C642-13: 2013[S/OL]. https: //www. astm. org/standards/c642.

[137] Evaluation of pore size distribution and porosity of solid materials by mercury porosimetry and gas adsorption-Part 1: Mercury porosimetry: ISO 15901-1: 2016(E)[S/OL]. https: //www. iso. org/standard/56005. html.

[138] Roels S, Elsen J, Carmeliet J, et al. Characterisation of pore structure by combining mercury porosimetry and micrography[J]. Materials and Structures, 2001, 34(2): 76-82.

[139] Good R J, Mikhail R S. The contact angle in mercury intrusion porosimetry[J]. Powder Technology, 1981, 29(1): 53-62.

[140] Cook R A, Hover K C. Mercury porosimetry of cement-based materials and associated correction factors[J]. Construction and Building Materials, 1993, 7(4): 231-240.

[141] Diamond S. Mercury porosimetry an inappropriate method for the measurement of pore size distributions in cement-based materials[J]. Cement and Concrete Research, 2000, 30(10): 1517-1525.

[142] 中国工程建设标准化协会. 多孔建筑材料保水曲线测定 半透膜法: T/CECS 10292—2023[S]. 北京: 中国工程建设标准化协会, 2023.

[143] Feng C, Janssen H. Semi-permeable membrane experiment for unsaturated liquid permeability of building materials: potential and practice[C]//Healthy, Intelligent and Resilient Buildings and Urban Environments. Syracuse, New York: International Association of Building Physics (IABP), 2018: 175-180.

[144] Richards L A. Porous plate apparatus for measuring moisture retention and transmission by soil[J]. Soil Science, 1948, 66(2): 105-110.

[145] Soil quality-determination of the water-retention characteristic-laboratory methods: ISO 11274: 2019[S/OL]. https://www. iso. org/standard/68256. html.

[146] Standard test method for determination of the soil water characteristic curve for desorption using hanging column, pressure extractor, chilled mirror hygrometer, or centrifuge: ASTM D6836-16: 2016[S/OL]. https://www. astm. org/d6836-16. html.

[147] Feng C, Feng Y, Meng Q L, et al. Best choice of the separating material for pressure plate tests[J]. Energy Procedia, 2015, 78: 1389-1394.

[148] Bittelli M, Flury M. Errors in water retention curves determined with pressure plates[J]. Soil Science Society of America Journal, 2009, 73(5): 1453-1460.

[149] Berliner P, Barak P, Chen Y. An improved procedure for measuring water retention curves at low suction by the hanging-water-column method[J]. Canadian Journal of Soil Science, 1980, 60(3): 591-594.

[150] Schanz T. Experimental unsaturated soil mechanics[M]//Cardoso R, Romero E, Lima A, et al. A comparative study of soil suction measurement using two different high-range psychrometers. Berlin: Springer. 2007, 112: 79-93.

[151] Leong E C, Tripathy S, Rahardjo H. Total suction measurement of unsaturated soils with a device using the chilled-mirror dew-point technique[J]. Géotechnique, 2003, 53(2): 173-182.

[152] Standard test methods for water vapor transmission of materials: ASTM E96/E96M-21: 2021[S/OL]. https://www. astm. org/standards/e96.

[153] Geotechnical investigation and testing-laboratory testing of soil-part 11: permeability tests: ISO 17892-11: 2019(E)[S/OL]. https://www. iso. org/obp/ui/en/#iso: std: iso: 17892: -11: ed-1: v1: en.

[154] Standard test method for permeability of granular soils (constant head): ASTM D2434-19: 2019[S/OL]. https://www. astm. org/d2434-19. html.

[155] Sandoval G F B, Galobardes I, Teixeira R S, et al. Comparison between the falling head and the constant head permeability tests to assess the permeability coefficient of sustainable Pervious Concretes[J]. Case Studies in Construction Materials, 2017, 7: 317-328.

[156] Pedescoll A, Samsó R, Romero E, et al. Reliability, repeatability and accuracy of the falling head method for hydraulic conductivity measurements under laboratory conditions[J]. Ecological Engineering, 2011, 37(5): 754-757.

[157] Nijp J J, Metselaar K, Limpens J, et al. A modification of the constant-head permeameter to measure saturated hydraulic conductivity of highly permeable media[J]. MethodsX, 2017, 4: 134-142.

[158] Hygrothermal performance of building materials and products-determination of water absorption coefficient by partial immersion: ISO 15148: 2002(E)[S/OL]. https://www. iso. org/standard/64988. html.

[159] Ren P, Feng C, Janssen H. Hygric properties of porous building materials（Ⅴ）: comparison of different methods to determine moisture diffusivity[J]. Building and Environment, 2019, 164: 106344.

[160] Roels S, Carmeliet J. Analysis of moisture flow in porous materials using microfocus X-ray radiography[J]. International Journal of Heat and Mass Transfer, 2006, 49（25/26）: 4762-4772.

[161] Evangelides C, Arampatzis G, Tzimopoulos C. Estimation of soil moisture profile and diffusivity using simple laboratory procedures[J]. Soil Science, 2010, 175（3）: 118-127.

[162] Daddi L, Latrofa E, Chiappa G. Determination of coefficient of mass transfer in porous bodies by absorption of X-rays and gamma rays[J]. The International Journal of Applied Radiation and Isotopes, 1975, 26（4）: 201-205.

[163] Nizovtsev M I, Stankus S V, Sterlyagov A N, et al. Determination of moisture diffusivity in porous materials using gamma-method[J]. International Journal of Heat and Mass Transfer, 2008, 51（17/18）: 4161-4167.

[164] Priyada P, Ramar R, Shivaramu. Determining the water content in concrete by gamma scattering method[J]. Annals of Nuclear Energy, 2014, 63: 565-570.

[165] Pel L, Kopinga K, Brocken H. Determination of moisture profiles in porous building materials by NMR[J]. Magnetic Resonance Imaging, 1996, 14（7/8）: 931-932.

[166] Hens H. Condensation and energy, Volume 3: catalogue of material properties: IEA annex 14[R]. Paris: International Energy Agency, 1991.

[167] Kumaran M K. Heat, air and moisture transfer in insulated envelope parts. Final report, Volume 3, Task 3: Material properties: IEA Annex 24[R]. Paris: International Energy Agency, 1996.

[168] Kumaran M K. A thermal and moisture transport property database for common building and insulating materials: ASHRAE research project 1018-RP[R]. Ottawa: The National Research Council, 2002.

附录 1　不同温度下液态水的性质

温度/℃	密度/(kg·m^{-3})	表面张力/(N·m^{-1})	动力黏度/(Pa·s)
0	999.8	0.07565	0.001793
1	999.9	0.07551	0.001719
2	999.9	0.07537	0.001674
3	1000.0	0.07523	0.001619
4	1000.0	0.07509	0.001567
5	1000.0	0.07495	0.001518
6	999.9	0.07480	0.001472
7	999.9	0.07466	0.001427
8	999.9	0.07451	0.001385
9	999.8	0.07437	0.001344
10	999.7	0.07422	0.001306
11	999.6	0.07408	0.001269
12	999.5	0.07393	0.001234
13	999.4	0.07379	0.001201
14	999.2	0.07364	0.001168
15	999.1	0.07349	0.001138
16	998.9	0.07334	0.001108
17	998.8	0.07319	0.001080
18	998.6	0.07304	0.001053
19	998.4	0.07289	0.001027
20	998.2	0.07274	0.001002
21	998.0	0.07259	0.000978
22	997.8	0.07244	0.000954
23	997.5	0.07228	0.000932
24	997.3	0.07213	0.000911
25	997.0	0.07198	0.000890
26	996.8	0.07182	0.000870
27	996.5	0.07167	0.000851
28	996.2	0.07151	0.000832
29	995.9	0.07135	0.000815

续表

温度/℃	密度/(kg·m^{-3})	表面张力/(N·m^{-1})	动力黏度/(Pa·s)
30	995.6	0.07120	0.000797
31	995.3	0.07104	0.000781
32	995.0	0.07088	0.000764
33	994.7	0.07072	0.000749
34	994.4	0.07057	0.000734
35	994.0	0.07041	0.000719
36	993.7	0.07025	0.000705
37	993.3	0.07009	0.000691
38	993.0	0.06992	0.000678
39	992.6	0.06976	0.000665
40	992.2	0.06960	0.000653

附录 2　常用饱和盐溶液营造的相对湿度

化学式	中文名	相对湿度/%					
		10℃	20℃	23℃	25℃	30℃	40℃
LiCl	氯化锂	11.29	11.31	11.30	11.30	11.28	11.25
MgCl$_2$	氯化镁	40.88	38.76	38.17	37.55	34.73	31.02
K$_2$CO$_3$	碳酸钾	43.14	43.16	43.16	43.16	43.17	—
Mg(NO$_3$)$_2$	硝酸镁	57.36	54.38	53.49	52.89	51.40	48.42
NaBr	溴化钠	60.68	58.20	57.57	56.95	54.55	51.95
NaCl	氯化钠	75.67	75.47	75.36	75.29	75.09	74.68
KBr	溴化钾	82.62	81.20	80.89	80.64	79.78	79.18
KCl	氯化钾	86.77	86.11	84.65	84.34	83.62	82.32
KNO$_3$	硝酸钾	95.96	94.62	94.00	93.58	92.31	89.03
K$_2$SO$_4$	硫酸钾	98.18	97.59	97.42	97.30	97.00	96.41

附录 3 F 检验的临界值

自由度 ν_2	自由度 ν_1									
	1	2	3	4	5	6	7	8	10	12
1	161.45 4052.2	199.50 4999.5	215.71 5403.4	224.58 5624.6	230.16 5763.7	233.99 5859.0	237 5928	238.88 5981.1	242 6056	243.91 6106.3
2	18.51 98.50	19.00 99.00	19.16 99.17	19.25 99.25	19.30 99.30	19.33 99.33	19.35 99.36	19.37 99.37	19.40 99.40	19.41 99.42
3	10.13 34.12	9.55 30.82	9.28 29.46	9.12 28.71	9.01 28.24	8.94 27.91	8.89 27.67	8.85 27.49	8.79 27.23	8.74 27.05
4	7.71 21.20	6.94 18.00	6.59 16.69	6.39 15.98	6.26 15.52	6.16 15.21	6.09 14.98	6.04 14.80	5.96 14.55	5.91 14.37
5	6.61 16.26	5.79 13.27	5.41 12.06	5.19 11.39	5.05 10.97	4.95 10.67	4.88 10.46	4.82 10.29	4.74 10.05	4.68 9.89
6	5.99 13.75	5.14 10.92	4.76 9.78	4.53 9.15	4.39 8.75	4.28 8.47	4.21 8.26	4.15 8.10	4.06 7.87	4.00 7.72
7	5.59 12.25	4.74 9.55	4.35 8.45	4.12 7.85	3.97 7.46	3.87 7.19	3.79 6.99	3.73 6.84	3.64 6.62	3.57 6.47
8	5.32 11.26	4.46 8.65	4.07 7.59	3.84 7.01	3.69 6.63	3.58 6.37	3.50 6.18	3.44 6.03	3.35 5.81	3.28 5.67
9	5.12 10.56	4.26 8.02	3.86 6.99	3.63 6.42	3.48 6.06	3.37 5.80	3.29 5.61	3.23 5.47	3.14 5.26	3.07 5.11
10	4.96 10.04	4.10 7.56	3.71 6.55	3.48 5.99	3.33 5.64	3.22 5.39	3.14 5.20	3.07 5.06	2.98 4.85	2.91 4.71

注：表中每一格上下两个临界值，分别对应显著性水平 $\alpha=0.05$ 和 $\alpha=0.01$。

附录 4 t 检验的临界值

自由度 ν	显著性水平 α	
	0.05	0.01
1	12.71	63.66
2	4.30	9.92
3	3.18	5.84
4	2.78	4.60
5	2.57	4.03
6	2.45	3.71
7	2.36	3.50
8	2.31	3.36
9	2.26	3.25
10	2.23	3.17
11	2.20	3.11
12	2.18	3.05
13	2.16	3.01
14	2.14	2.98
15	2.13	2.95
16	2.12	2.92
17	2.11	2.90
18	2.10	2.88
19	2.09	2.86
20	2.09	2.85

附 图

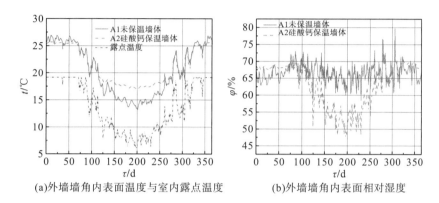

(a)外墙墙角内表面温度与室内露点温度　　(b)外墙墙角内表面相对湿度

图 2-4　青砖砌体外墙墙角内表面的温湿度变化

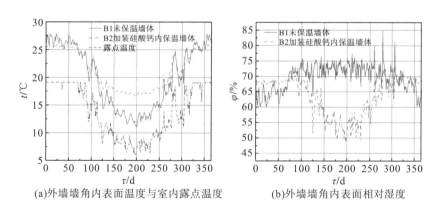

(a)外墙墙角内表面温度与室内露点温度　　(b)外墙墙角内表面相对湿度

图 2-5　红砖砌体外墙墙角内表面的温湿度变化

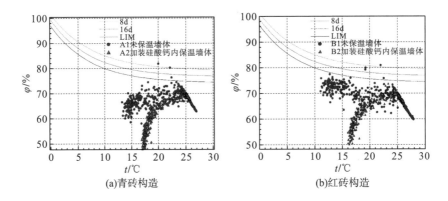

(a)青砖构造 (b)红砖构造

图 2-6 加装保温层后砌体外墙墙角内表面的发霉风险变化

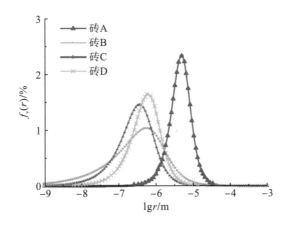

图 2-7 四种砖的孔径分布

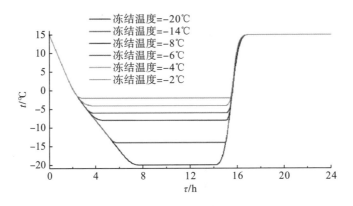

图 2-8 冻融循环的温度

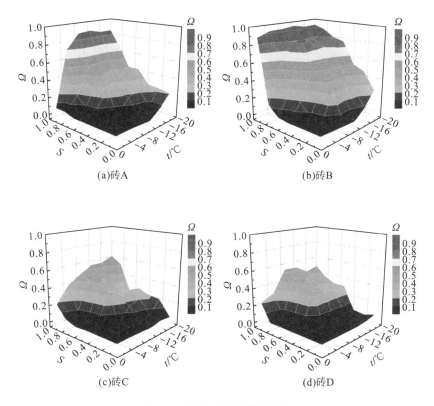

图 2-9   四种砖冻融循环结果

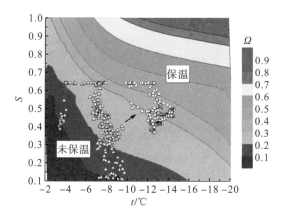

图 2-10   砖 A 的冻融等值线和内保温改造前后的温湿度分布

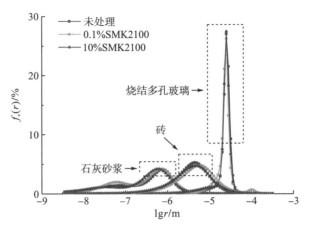

图 2-12　憎水处理前后三种材料的孔径分布测试结果

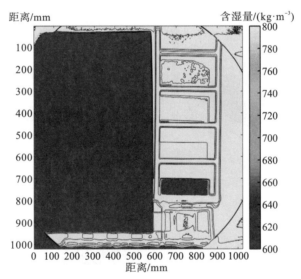

图 6-13　X 射线衰减实验中某干燥试件的 X 射线透射强度分布图

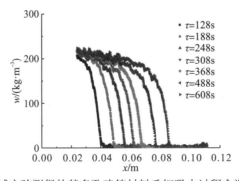

图 6-16　X 射线衰减实验测得的某多孔建筑材料毛细吸水过程含湿量分布的原始数据